你真的搞懂 OKR 了嗎？

以Intel為師，打造最強作戰部隊

CEO、主管、人事培訓部門必讀！iOKR創辦人王怡淳以超過15年落地實踐經驗，教你成為像Google、Facebook一流企業

王怡淳 著

Contents
目錄

Part
1 | 總篇
OKR 浪潮下管理策略之形成

Part

2 | 全局式視野 OKR 的目標策略

實現 OKR 的真實途徑

——文化與領導力

撰文 / 李岳倫

（DDI-Development Dimension International 台灣區董事總經理）

　　面對 VUCA 時代，組織同時進行數位轉型與淨零轉型的此時，企業比任何時代都更需要「自我驅動型」的團隊與員工。一支由獨立自主、善於創新的個人組成的團隊，領導者只需依靠簡潔的指示，也就是只要設置好航向，他們就能實現個人與公司的目標。

　　2020 年初，我認識了 Chris，朋友說他曾成功實踐 OKR。一直以來，任何方法論只要與「目標設定或績效管理」相關，都能獲得企業主與人力資源單位的高度興趣，尤其當時有不少客戶期待「去 KPI」，卻不知如何從 OKR 下手。市場上出現了

這樣有多年落地實操經驗的顧問，我自然欣喜若狂、立即簽約合作。

正如 Chris 在書中所提，OKR 會被市場高度重視，甚至驚為天人、趨之若鶩地導入，再失望收場。就我看來，其原因一是因為企業在轉型的過程中，太多探索型的目標無法用過往步驟式的 KPI 來設定，更多的是組織既有部門死守 KPI 制度，它恰恰就是企業創新變革最大的殺手。為了追求部門 KPI 達成，團隊間的競爭和穀倉效應、部門內的創新探索都被一一扼殺。

若無法提出新的思想與方式，老路必定走不出新方向。OKR 這種數位原生的組織如 Google 全面使用的方法，尤其 Google 去 KPI 後，業績實現了 10 倍成長，這例子為台灣企業帶來了新的希望與方向。然而，解答這世界所有問題的，本就不是 0 與 1 之間的選擇。

本書用更高的視野來解答 OKR 的成功導入，OKR 不僅僅是策略思維，更是組織的授權當責文化，是部門合作精神，更是領導力的極致展現。

多年來 DDI 所進行之全球領導力調查（Global Leadership Forecast）中，相較於全球領導者，台灣主管給予自身領導力品質更高的評價（2021 年約有 58% 主管評價自身領導力為良好至卓越，而全球平均為 48%）。在我們提醒台灣主管「別太自我感覺良好」的同時，更需探討的是「只要帶領團隊把部門 KPI 達成，就是好領導」的思維，在 VUCA 時代面對充滿不確定性的未來，它是否仍然適用？

眾說紛紜的時代，需要以更多的質疑精神、更好的決策判斷來應對！相信本書會讓讀者們以更全面的思維來認識 OKR、推動 OKR。我很榮幸在這條探索的路上跟 Chris 有許多碰撞與交流，衷心期待台灣企業能更加擁有敏捷自驅、兼具彈性與韌性的高競爭性。

貫穿道、天、地、將、法
OKR 帶領企業迎向複雜挑戰

撰文／陳來助（臺灣數位企業總會理事長）

　　我朋友 Chris 要出一本書談 OKR，請我寫序。Chris 是業界知名的 OKR 顧問，如今他把對 OKR 的了解及經驗寫成一本書，實在是企業界之福。

　　OKR 其實已經在台灣流行了一段時間，的確有不少企業嘗試導入這樣的系統，我手上也有很多本談 OKR 的書，包含市面上大家熟悉的 John Doerr 的《OKR 做最重要的事》、以及 Paul R. Niven 的《執行 OKR，帶出強團隊》，甚至還有一本簡體版《OKR 工作法》，前幾天還剛收到 John Doerr 的新作《OKR 實施淨零排放的行動計畫》。

幾年前，有一家上市生技公司老闆請我協助評估他們正在建立中的 OKR 系統，那時我也花了一段時間協助研究 OKR 如何應用在生技產業。坦白說，那個專案後來並沒有很成功，主因就在於主管糾結於 KPI 跟 OKR 有什麼不同？後來只在部分部門推動，最後不了了之。

　　讀完 Chris 這本 OKR 新書，立刻幫我解惑，明白為什麼有些公司推動 OKR 會不了了之。不只如此，我本來認為只有大型公司才需要推動 OKR，看完這本書後，我才了解原來 OKR 也適合小型、甚至新創公司。它到底跟我以前讀過的 OKR 書籍，有什麼不同？

　　我想，這其中最大的祕密在於 Chris 在 Intel 多年的學習及操作 OKR，且他後來又有多年顧問輔導的經驗。對於本地的讀者，他能夠用更精準的文字以及情景敘述，讓讀者了解 OKR 的精髓。除非閱讀原文版，不然許多翻譯 OKR 的書，多多少少還是會有語意上的落差；而本書應該是第一本用中文母語原汁原味呈現 OKR 精神的 OKR 操作工具書。

再加上 Chris 多年累積的實戰經驗，能夠將非常概念式的觀念轉換成企業熟悉的流程。這讓有心學習 OKR 的人有一個很好的流程及邏輯概念，我想這是本書跟其他談 OKR 的書不同之處。

　　另外，我非常喜歡在每個章節出現簡短的「OKR 金句」，這些金句畫龍點睛似地把這章節的精神勾勒出來，讓你很快地就可以掌握本章節的主軸。

　　過去在經營管理數萬人跨國大企業時，我常常跟同仁分享，厲害的企業要能夠做到「一動全動，節節貫通」。看了本書談到「上下對齊，左右連接」，我不免發出會心的微笑。原來英雄所見略同，只是表達的方法不同。大型企業如果所有的部門能夠做到「上下對齊，左右連接」，可以想像它將會爆發產生多巨大的威力！

　　在寫這篇序的時候，台灣正經歷新冠肺炎本土大爆發的中期，每天都有數萬例的確診人數。我有許多服務業或內需型的學生，他們企業的生意都受到嚴重的影響。出口導向的公司

日子也相當不好過，因為俄烏戰爭造成原物料及能源價格大幅飆升。通膨的陰影以及經濟衰退的可能性越來越高，再加上COP26之後歐盟議會通過：因應氣候變遷，自2023年起要採取碳邊境關稅（CBAM），台灣也剛宣布，2050年達到淨零排放的減碳路徑圖……

　　當今，企業不只面對近憂，更有遠慮，我想企業所遇到的挑戰以及經營的環境，可說是有史以來最複雜。或許，企業主夜未眠的日子，即將變成常態。

　　另外一個場景則是，台灣現正進入接班潮，許多中小企業開始進入二代接班的階段。相較於過去30年的總體經濟環境，現在的產業環境以及國際局勢已經大大不同，加上這幾年數位轉型後各種新商業模式所帶來的新挑戰，這些年輕企業主面臨的壓力頗大，他們也一直在找尋及學習適當的管理方法。

　　我常在演講中引用孫子兵法的「道、天、地、將、法」，帶領學生策略思考如何接班轉型及升級。其中「道」就是願景、「天」就是總經、「地」就是個經、「將」就是組織、而「法」

就是流程。這些雖然講起來容易，但是要把它變成一個實際操作系統，還是有它的困難。看完 Chris 這本 OKR，我在思考，或許這就是貫穿「道、天、地、將、法」、帶領企業迎向當前複雜挑戰、推動變革成為敏捷式組織的一個作業系統。

　　衷心歡喜本書的出版，在這複雜到爆炸的經營環境中，它讓企業主管多了一個學習 OKR 方法的最佳捷徑。

卓越組織的武功祕笈
——落實 OKR 造就高績效團隊

撰文／鄭晉昌（國立中央大學人力資源管理研究所教授）

　　早在 1950 年代，Peter Drucker 就率先倡議目標管理的觀念，促使績效管理活動成為組織營運過程中重要的一環。諸多績效管理的工具隨時代需求應運而生，包括工作任務的考核工具（如 MBO、KPI）及工作行為的考核工具（如 Competence Assessment）等。晚近，OKR 工具的發明，不僅僅滿足績效考核的需求，更可藉此提升員工執行績效的動力與能力。

　　現代化組織多數的工作任務已經由團隊的方式來運作，OKR 工具的運用究竟會對團隊運作帶來什麼樣的好處？通常身為一個團隊主管，在帶領團隊的過程中，會有以下幾個關鍵問題需要找到答案：

- 團隊整體與個別團隊成員的目標是什麼？為什麼需要建立目標？

- 如何判斷我們實現了目標？如果說我們達成目標，那麼怎麼樣才算是成功呢？

- 如何在既定的時程內實現目標？許多組織大型技術任務的執行和業務開發多同時並行，如何在既定的時程內快速完成目標，是大家要共同解決的課題。

- 聚焦重要的事情，如何讓團隊成員達成共識？產品團隊、業務團隊如何能相互理解其對於整體組織策略達成的重要性？

- 在績效執行的過程中，如何能讓員工賦能，促使其自我驅動？

針對以上幾個問題，OKR 工具的運用可以在團隊績效管理模式上有諸多發揮的空間，特別強調以下幾點：

1. 定義清晰具挑戰性的目標（Objectives, O）

OKR 工具要求主管清楚說明目標的內容是什麼，例如「我們在一年內要完成組織結構的轉型」。

2. 具體顯示關鍵成果（Key Results, KR）

目標的達成需要搭配具體衡量的指標，例如：

KR1：TPS 翻 10 倍；

KR2：降低開發難度，半年內開發完成；

KR3：主要系統上線。

雖然關鍵結果的定義受到一定外在因素的影響，但就 OKR 來說，工作成果要如何展現，是團隊成員自發性想要達成的。

3. 時間

一定要有時間的概念，任何目標脫離了時間的限制就會變成一句華麗空洞的口號。在整個年度目標的引導下，團隊可以分階段完成一個個目標。

4. 既聚焦又透明

OKR 讓團隊成員聚焦於份內的工作任務，同時講求跨部門資訊的溝通與分享，讓組織所有部門年度的目標都攤在陽光下，這些都是可以透過 IT 系統的協助，讓部門間了解不同團隊所需完成的任務內容與工作目標，彼此之間可以透過協作與共事以達標。

5. 自我驅動

由於一個目標可能包含多個關鍵成果，因此在執行 OKR 時，許多公司選擇採用混合式的方法：公司的領導層或高階主管負責設定目標，接著由個別的團隊或員工設定有助於實現這些目標的關鍵成果。如此，這種由上至下與由下至上混合搭配的概念，能讓員工們了解他們所設定的關鍵成果，實際上是如何幫助公司達成上層的目標，並可以使關鍵成果在此 OKR 的執行週期中保持優先考量的地位，可以促使員工更能自我驅動，完成工作任務。

本書作者王怡淳顧問在 Intel 擔任業務單位主管多年，親身實地運用 OKR 工具，引領團隊成員執行績效，對於落實導入 OKR 的心法、技法、和工法，具有個人獨到的見解與實戰經驗。我仔細看過本書有關於 OKR 工具執行要領的說明，深感作者對於 OKR 工具運用的掌握，十分全面，包括策略的連結、目標的設定、部門間的溝通協作、部屬的績效回饋與全方位的當責管理，皆能深入淺出地運用案例加以闡述。

對於許多企業經理人來說，一本績效管理的工具書，不僅僅能將工具建構的理論清晰地說明，最重要的還能讓讀者據之實際地貫徹執行。個人在此衷心地推薦王顧問這本大作，凡是身為專業經理人者，都應閱讀這本工具書，並依照書中的指引，確實在組織中推動及執行 OKR，此舉不僅讓經理人真正有機會展現及落實團隊領導力，同時也能讓所帶領的團隊更為敏捷與高效地執行組織策略。

帶您體驗原汁原味的 OKR !

2006 年，我第一天到 Intel 報到時，對公司業務和環境都還生疏，就被要求提出個人的季度工作目標。當時我慌了，因為過去的工作經歷，都是執行上面交代的任務，從沒給自己訂過計畫和目標。這是我職涯第一次接觸到「OKR」。

2018 年下半年，我離開 Intel，選擇在領導管理、組織戰略領域，與企業交流過去職場的管理經驗。隔年，因緣際會認識了台灣老牌的管理顧問公司老闆。他知道我過去服務於 Intel 戰略合作部門，邀請我去北京為一家旅遊互聯網集團分享 OKR 的實務經驗。

說來莞爾，那是我第一次聽到 OKR 這個詞，開始了解什麼是 OKR。至此我也才知道，市場所說的 OKR 目標，就是 Intel 內部所說的 iMBO；外界說的 OKR 創始人，就是 Intel 前總裁 Andy Grove。

而 John Doerr──這位被市場稱為 OKR 推手的 Intel 前員工，他的著作《OKR 做最重要的事》描述的 OKR 價值與內涵，則是我在 Intel 服務 13 年、每天經歷的組織運作與領導管理實踐的綱領和指南針。這也似乎在冥冥中，引導我後來成為了 OKR 的顧問教練。

■ OKR 理論眾說紛紜，可惜不夠全面

市場上關於 OKR 的書籍文獻，兩岸至今將近有 30 本了。有些是從西方或日本職場生態描述 OKR 的國外翻譯書，有些則是從人資或學術背景的角度來詮釋，對於 OKR 的定位理念和實務操作眾說紛紜，和我在海峽兩岸所經歷的 Intel OKR，差異很大；而其內容多偏重 OKR 目標設定的角度和 OKR 實施後企業的美好境界，但對於落實導入的心法、技法、和工法、以及實戰案例的描述，著墨有限。

這些年來，我和許多企業主交流，其中不少是看書、網絡資訊後自己導入 OKR。他們希望導入後快速得到效果，但最終不如預期，於是認為 OKR 不適合他們的企業；而當他們將 OKR 視為西方「高大上」的管理理論（我不認為 OKR 是理論），認定它無法落實於本土企業而放棄，也令我深感遺憾。

究其原因，主要是在於他們**誤解了 OKR 的意涵與精髓**，錯將這套源自西方的組織管理戰略，一股腦兒地套入我們本土企業的組織運作中。

從輔導企業 OKR 導入的經驗，我觀察到市場上需要一本自我們本地社會和企業氛圍的角度、從實務經驗剖析 OKR 的書。 這本書的出版，**希望藉由我輔導企業的經驗，和在台灣、大陸及美國親身驗證過的「原汁原味」OKR 之經歷，讓大家對 OKR 有正確、全面且深度的認知**，減少成為「白老鼠」以及「 摸著石頭過河」的風險。

■ 企業主、主管、人資及一般上班族必讀

OKR 制訂目標（Objective）與關鍵結果（Key Result）的思考模式，對個人而言，是訓練我們的因果邏輯能力，引導我們用更寬廣的角度評估並解決問題。

對於企業來說，因為 OKR 是「眾人的管理」，它的複雜度遠高於個人的應用！在企業，我們不僅學習 OKR 目標設定的層面，更需要學習目標執行與查核所需要的方法。

不論是企業管理者、人力資源管理者或一般職場人士，都可以從這本書提供的 OKR 方法論：1 核心＋ 2 方針＋ 3 精髓＋ 4 策略＋ 5 能力，了解職場管理新趨勢，進而評估調整自身的工作心態與競爭力。

同時此書可幫助企業進行組織轉型、人才識別、激發組織活力，對於「OKR 是否適合我的企業？」「要如何導入？」「導入會遇到什麼困難？要如何解決？」等問題，也都有深入的剖析。

謝謝吳永佳女士在編輯上的指導、布克文化總編輯賈俊國先生、助理廖沛綺女士以及好友徐端儀女士的協助，讓此書得以順利出版。感謝在台北的家人、薛寶源先生、李紹暉先生、華人講師聯盟創會長張淡生、DDI台灣區董事總經理李岳倫、羅亦耀老師、喬安妮老師、上海的蔡茂賢先生、許其先生、以及北京的楊彬女士，在職涯和顧問教練的跑道上所提供的契機與支持。

從觀念突破到實務操作

◎ OKR 金句

學習真正的 OKR，需要了解它的「道」與「術」，也就是執行上所需之心法、技法和工法。

2021 年中秋節後，我到上海工作。隔離期間我看見 2 個消息：1) 上海中學附屬國際部小學 6 年級生學習 OKR；2) 微軟收購 OKR 解決方案新創公司 Ally.io，媒體引述收購原因：「因應遠距上班成為未來工作趨勢，微軟將強化旗下生產力工具。」

當下想起合作夥伴對我的提醒：「Chris，過去這 2 年，OKR 在大陸市場雜音很多！和合作機構見面時，要怎麼凸顯我們的價值？之前安排和北京、上海、廣州的管顧機構高階主管會面，對方一聽要談 OKR，表示興趣不大；直到我強調你過去

服務於 Intel，對 OKR 看法不同，他們才答應見面。」

我被搞糊塗了，這市場究竟是怎麼一回事？踏進合作機構的會議室，與對方的市場負責人簡單寒暄兩句後，我們直接切入主題……

■ 從與一家企業的對話，揭開 OKR 重重迷霧

對方市場負責人表示：「Chris 老師，不知道 OKR 在台灣發展如何？我先說兩句，我做培訓 15 年了，大概 5 年前，企業開始詢問 OKR。現在 OKR 已經過了知識普及的階段，但我們的客戶導入後，發現有很多問題，走不下去的也不少。所以現在市場對於 OKR 的質疑越來越多，認為 OKR 是西方的東西，和既有制度接不上、沒法用。這類的抱怨，這 2 年來沒停止過。但市場對 OKR 的需求還是很大，我們依然收到不少客戶的諮詢。說真的，我們現在也不知道怎麼處理，找以前合作的老師，我們不放心；但生意上門，往外推也不是辦法……」

我只好回答：「我先很快地談談對 OKR 的理解吧！」

30 分鐘簡報結束後，對方負責人表示：「您談的 OKR，不像績效管理，好像是目標管理的上一層，比較像是 OD（Organization Development - 組織發展）或是組織戰略之類的。」

　　我回答道：「這是我在 **Intel** 工作 **13** 年精煉的總結。**OKR 是團隊為了達到目標、完成使命所需要的管理思考執行的組織戰略。**」

　　對方又問：「但 OKR 被市場歸類在績效管理或目標管理，您認為適合嗎？」

　　我回答道：「坦白說，這些歸類有點是出於市場推廣的考量，又或者是主事者對 OKR 的理解不同所造成的。**我認為 OKR 與目標管理的連結性比較高，是一套為達成目標形成的組織戰略；因為這個戰略執行得當，所以績效提升。**這是因和果的關係。」

　　對方繼而又問：「外界提到 OKR 不能與績效評估掛鉤，你覺得這說法對嗎？」

　　我回答道：「以過去成功導入 OKR 的企業案例來看，

OKR 必須和績效掛鉤。OKR 的思路是做重要的事，但對於最重要目標的達成結果，沒有績效獎懲，那將如何促發員工完成目標的動力？OKR 強調內在動機的展現，如果沒有績效評估考核的外在動機支撐，內在動機很難持續。」

對方再問：「照您這個邏輯，不論哪種企業、何種體質，只要有組織痛點，都可以採用 OKR 的解決方案？」

我回答道：「沒錯，OKR 提供不同的解決方案，也就是我剛剛提到的 3 大精髓、4 大策略。**企業可以針對不同的痛點、或亟需解決的難題，採用 OKR 不同的精髓與策略解決方案，分批次、分人員、分階段實施。**」

對方續問：「您所說的 1 核心——人才辨識是什麼意思？和人才測評是什麼關係？」

我回答道：「團隊經由 3 大精髓和 4 大策略的組織運作，可以看出成員所展現的 5 種能力，來作為人才辨識的重要參考。這是實地實境的能力測試，可以結合人才測評系統，找到企業合適的人才。」

最後，對方負責人終於說道：「您說的這套 OKR 方法論，我倒是第一次聽到有人這樣談 OKR 的。我現在知道先前那些客戶導入 OKR 卡關的地方，該怎麼解決了！」

■ 你真的搞懂 OKR 了嗎？

在台灣，許多企業主閱讀了約翰・杜爾（John Doerr）所著的《OKR 做最重要的事》一書後，對於 OKR 能活化團隊、提升效率的方式趨之若鶩。這個方式正是基於 1970 年代 Intel 前總裁安迪・葛洛夫（Andy Grove）提出的 OKR 概念：

- Objective 是你想要實現的特定目標或承諾

- Key Result 是為了實現目標，必須交付可以看到的、可衡量的結果

除了以上字面的定義，這 3 個英文字母「OKR」同時引領 Intel 的團隊學習掌握：

- 如何在動態環境中，讓自身工作與公司部門的目標，保持一致的方向進行

- 如何在自己、主管和跨部門利益關係者之間，建立對績效的共同期望

- 如何提升績效反饋的效益

- 如何完善與跨部門利益關係者之間的協調溝通

面對 OKR，許多企業遭遇到「見樹不見林」的困境。他們將 OKR 的重點侷限於只是「目標設定」的工具，因此花了大把時間學習目標（Objective）和關鍵結果（Key Result）的設定和關聯性，卻忽略了 OKR 真正的意涵。**大家是學習「OKR 方式」管理團隊，而不是學習「OKR 目標」管理團隊。**

而我所經歷認知的 OKR，要發揮它的效能，必須從團隊運作的角度導入，從實戰中學習，從過程中驗證，並且從變化中調整。而 OKR 這套管理思考執行的組織戰略，**企業要能有效實施的關鍵在於：制訂的目標如何因應內外挑戰、如何找到執行關鍵路徑與持續的動力，以及如何嫁接績效激勵制度。**這正是本書的重點。

■ 本書特色與使用方法

正因為許多企業誤解了 OKR 的真實意涵，以至於在組織改造上常顯得窒礙難行。**因此這是一本解析 OKR 實務操作的書**，我以在 Intel 工作 13 年之經驗，採取實務案例的撰寫模式，從實戰角度，說明如何以 OKR 的 3 大精髓「自下而上」、「少就是精」、「公開透明」為基礎，與目標視野、合作共贏、激勵當責、引導反饋等 4 個執行策略的交互運作，讓你掌握主管與部屬必須具備的 OKR 組織運作的「道」與「術」。

許多人會拿 OKR 和 KPI 作比較，將 OKR 聚焦於目標設定的工具。但從我在 Intel 的歷練所理解，OKR 的意涵與應用遠超過目標設定。因此，在本書中出現的「OKR」一詞，係指組織管理戰略；若是單純指目標，將以「OKR 目標」一詞表示。另外，為符合團隊導入 OKR 的真實情境與說法，本書中我們以「O」代表「目標」，以「KR」代表「關鍵結果」。

OKR 的思考核心和執行策略，放諸四海皆準。但是從我在 Intel 亞太區和中國區的經歷，以及觀察歐美團隊的運作，發現每個地區和團隊側重的精髓與策略、執行手法、速度，都不盡

相同。

本書提供的案例、策略、方法、步驟,每項都是一把工具。每一把工具都有它獨特的用處,但你不一定都要用到。閱讀本書的過程中,你不妨思考企業所處之人文國情、組織文化、營運痛點、部門屬性、團隊體質、以及對應的需求與情境後,選擇合適的工具導入 OKR。

本書共有 6 個 Part,簡單說明如下:

- Part 1 說明 OKR 的定義與哲學、與其他管理方式的差異、以及我在 Intel 歷練後所精煉的 OKR 方法論:1 核心+ 2 方針+ 3 精髓+ 4 策略+ 5 能力。

- Part2~Part5 則是個別介紹 OKR 方法論中的 4 大策略,包括執行方法、步驟與案例。

- Part 6 提供企業導入的案例說明,說明對於企業各階層的價值影響,並針對企業最常遇到的迷思困惑,提出解答與建議。

1 總篇

OKR 浪潮下
管理策略之形成

VUCA 時代的職場新局

OKR 如何解決當前企業面臨的內外挑戰？
它與一般管理模式的差異是什麼？

⊙ OKR 金句

你不需要放棄現有的管理模式，而是融合 OKR 的思考核心與執行策略，打造適合企業的最佳管理方式。

為什麼現今很多企業爭相學習 OKR？這要從企業當前面臨的內部跟外部挑戰談起。

談到 OKR，不能不提到「VUCA」現象，VUCA 是源於 1990 年代美國的軍事用語，代表 Volatility（易變性）、Uncertainty（不確定性）、Complexity（複雜性）、Ambiguity（混沌不明）。2015 年前後 VUCA 再度被提出，企業界認為當今的

商業環境像戰場一樣詭譎多變，敵我狀況極不明確。從 2015 年到現在，我們面臨的企業經營環境，究竟發生了什麼變化？

■ 外部環境變動異常嚴峻

電商崛起讓傳統店面逐漸消失，取而代之的是平台的經營模式。而人工智慧、大數據、雲端計算（ABC-Artificial Intelligence、Big Data、Cloud Computing）及物聯網等新科技的興起，改變我們的生活習慣，也加劇顛覆了既有的商業模式。

舉例來說，過去企業投放在電視和平面媒體的廣告，逐漸轉為透過直播、意見領袖（KOL）和網紅的方式代言產品，直接吸引目標族群的注意力，刺激購買行為。而過去的交貨付款模式，也大幅改用第三方平台的金流和物流服務。商業模式和使用習慣的創新，加速企業「跨界打劫」的思維與轉型。

曾是速食麵龍頭的康師傅，因外賣平台的崛起，營收大幅下滑；LINE、微信、Apple 等科技服務，紛紛進入電子支付領域，對傳統金融業造成衝擊。這些跨界打劫的案例層出不窮。很多企業主現在晚上睡不著覺，並不是擔心已知的競爭對手會出什

麼招，而是不知道潛在的對手在哪裡、以及會用什麼競爭手法。企業正面臨一個高度不確定性的經營環境。

而企業的因應之道，是必須**活化組織**，讓市場第一線人員的意見，能快速地傳達到經營高層，以便**及時應變**。而 OKR 的價值，正是協助企業打通任督二脈，將末梢神經與中樞大腦暢通無阻地連結起來。

■ 內部面臨新世代價值觀挑戰

我們觀察到團隊裡越來越多 20~30 歲的新世代加入，從赫茨伯格（Frederick Herzberg）的雙因素理論來說，他們的人生哲學、工作哲學更重視認可、尊重、責任與自我實現。他們的想法多元新穎，期待能和主管商量討論，希望自己的意見被聽到，能夠擁有空間舞台發揮想法和才能。他們不喜歡只是扮演聽命行事的角色，對制式無彈性的工作環境敬而遠之。

而再過 5~10 年，這群新世代即將成為企業的中堅骨幹，扮演重要角色。但我們的組織管理模式是否進行了相應的調整？

面臨上述的內外部挑戰，企業這些年來開始評估數位轉型和敏捷組織等工程，希望提高企業察覺內外環境變動的靈敏度，以及調整方向策略的速度。而如何優化靈敏度與速度的關鍵，端賴企業是否具有以內在動機為起點，以績效評估為激勵配套措施，強化組織當責態度及團隊效率活力的組織戰略。

而越來越多的企業主發現，**OKR 就是這套組織戰略**。

OKR 在實務上，和其他管理方式有 3 個主要差異。

■ OKR vs. 一般管理方式：
激發內在動機

第一個不同是**內在動機**。Intel 在 2018 年一項員工調查結果顯示，部屬認為自己最能夠被激勵的前 3 個因素：(1) 有趣的工作、(2) 完成工作後所獲得的感謝、(3) 工作取得進展。此問卷調查的受訪人員平均年齡為 29.8 歲。

當我們將調查結果結合雙因素理論（Two-factor theory）來分析，發現部屬的期待與個人的內在動機相關，他們更希望從工作中獲得樂趣、成就感以及認同感。在 OKR 組織運作過程

中，從目標設定的階段就呼應了內在動機的需求。

我們可以將 OKR 目標的本質分為 2 種：

1. **「承諾型目標」**：自上而下，是公司、主管要求我們做的目標。

2. **「挑戰型目標」**：自下而上，針對上級指派的目標內容，自己調高結果指標；或是由自己制訂對公司部門有貢獻、並能挑戰自己的目標內容。

而鼓勵制訂「挑戰型目標」，正是促發同仁展現內在動機的方式。

■ OKR vs. 一般管理方式：
設定目標的心態與思維大不同

第二個差異是目標設定的心態與思考方式。我們以「客戶滿意度提高到 90％」的目標為例：一般管理方式下的團隊同仁，看到這目標的第一個念頭是：「怎麼執行？」隨即列出相關的任務工作清單，力求完成指標。這是**「任務導向」**的思維，大

家心裡想的是：「老闆給我的目標是什麼？」、「要做到什麼
程度老闆才會滿意？」、「老闆如何考核我的工作表現？」，
而較少思考「完成這個目標的意義是什麼？」、「是否有別的
目標更值得達成？」。

而 OKR 團隊的思維是：「去年提高客戶滿意度的目標已
經達成。今年的市場環境，將滿意度衝到 90% 有必要嗎？除了
客戶滿意度，是否還有其他更重要的目標，可以增加公司和部
門的競爭力？比如提高客戶服務的規模？」OKR 是鼓勵團隊成
員集思廣益，在符合公司戰略方向的前提下，提出不同視角的
想法建議，將目標內容設定得更具意義和影響力，這是「**價值
導向**」思維。

■ OKR vs. 一般管理方式：
資訊公開方式、團隊管理策略大不同

第三是資訊公開方式及團隊管理策略的不同。我以個人入
職 Intel 第一天的經歷為例。

我報到第一天，老闆在美國，但他沒讓我第一天就閒著，

提早安排我和一位不同部門、但與他同級別的主管進行一對一會議。那主管踏進會議室簡單寒暄後，打開電腦熟練地說明他部門這一年的目標、要達成的結果、內外部的合作對象、以及目前的進度和遇到的困難。過了半小時，他停下來問我有何想法和建議。這是我進 Intel 的第一天，對業務和市場生態都生疏，當下沒有想法，只好說：「下週我主動和您約個時間，向您說明想法。」

會議結束後，我急忙在公司 IM（Instant Message）系統上問老闆，下一步我該怎麼做？他只簡短回覆：「你先了解對方部門和我們部門的年度目標，下週一提出你個人的工作目標。」我看了他的訊息，腦袋一片空白。我過去的工作經歷，都是執行上面交代的任務，從來沒有自己訂過目標。何況這是我入職的第一天，完全不知道從何開始！

於是我追問老闆：「要如何準備？」他還是非常簡短地回答：「Circuit（Intel 公司內網）上面有很多資料可以參考。如果還有其他問題，再找我。」接下來一週，我從公司內部系統查詢雙方部門的目標動態和業務訊息，找其他同事交流，最後和老

闆討論後，完成人生第一個自己訂的工作目標。

以上案例說明了 OKR 團隊運作的 3 個面向：

1. 橫跨部門的合作層級

那位和我一對一面談的主管，高我 2 個級別。在 OKR 組織裡，只要你是專案的區域負責人，不論跨部門合作方的級別，彼此工作配合上，沒有差別待遇。

2. 自下而上自訂目標

主管並未影響我如何訂立目標內容，而是期望我先了解公司部門的方向策略，自己訂出目標後，再與他討論交流、溝通妥協後定案。

3. 團隊溝通反饋方式

公開透明的內部系統是 OKR 組織即時了解部門動態的最佳工具。此外，主管視我為目標的負責人，他扮演的是輔助引導角色，而未指示我應該如何行動，以此培養我當責的心態與做法。

■ OKR 的組織型態——正金字塔型

　　一般而言，其他管理方式的組織型態像倒立的金字塔型，層級越低、發揮的空間越小，絕大部分成員屬於執行角色，每一層級能想的比上一級要少。這種型態的缺點是團隊各層級的思考受到局限，無法突破創新。

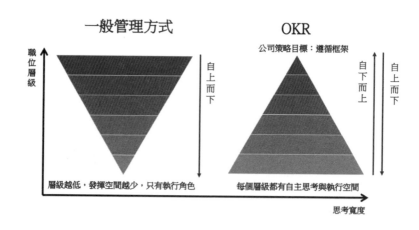

　　OKR 組織則是正金字塔型，高層的戰略方向像是塔上尖頂，是同仁的遵循框架，而每個層級都有自己思考與執行的空間。隨著層級的迭代，整個組織累積的思考深度與廣度，往往超越高層所能觸及的面向，這將有利於企業因應市場高度不確

定性的挑戰。

因此，OKR 能夠讓每位團隊成員不單單是「領取目標」，更延伸到「提出建議、自訂目標」，將團隊從「執行任務」思維轉成「創造價值」導向。

OKR 的哲學

| OKR 源起、意涵、迷思及對個人的實用價值

OKR 金句

OKR 的定義是以內在動機為起點，以目標與關鍵結果為導向，以 1 核心＋ 2 方針＋ 3 精髓＋ 4 策略＋ 5 能力為執行架構，幫助團隊聚焦、當責、合作。

但 OKR 到底是什麼呢？有必要自它的起源談起。

目前市場所談的 OKR，有學術派、人資派、和實戰派之分，從經營策略、績效管理、目標管理、過程管理等不同角度闡述。OKR 從 Intel 傳到 Google 後，或許又被其他理論工作者重新詮釋。這些年 OKR 似乎成為顯學，但對 OKR 的理解，依然是眾說紛紜。那麼 OKR 到底是什麼？我們可從 OKR 發展進程的 3

位關鍵人物說起。

第一位是彼得‧杜拉克（Peter Drucker），他是目標管理之父，創立 MBO（Management by Objective）學說。他認為企業經營必須以績效為考量，必須注重員工的自我實現、以及自我管理。

第二位是 Intel 前總裁安迪‧葛洛夫（Andy Grove），市場尊稱他為 OKR 之父、OKR 創始人。1970 年代他以杜拉克的 MBO 作為管理 Intel 的基礎，同時提出 OKR 的概念，將 OKR 與 MBO 融入 Intel 的管理制度，內部稱為 iMBO（Intel Management by Objective）。

第三位是約翰‧杜爾（John Doerr），著有《OKR 做最重要的事》一書，市場認為杜爾是 OKR 的推手。他與葛洛夫在 Intel 共事過，十分推崇葛洛夫推行的管理制度。在杜爾投資 Google 時，強烈建議 Google 創始人採用 iMBO、亦即 OKR 方式管理企業。

2 個關鍵詞是「目標」與「關鍵結果」。O（目標）是方向，「我們想要主導中型計算機零件業務」，這是我們的目標、我們想去的方向；本季度的關鍵結果：「取得 10 個 8085 的新設計」，這是 1 個關鍵結果，是個里程碑，和目標（O）不一樣。這個里程碑要可以衡量，關鍵結果必須是可以衡量的，最終你可以毫無疑問地說：「我完成了，或沒有。」有或沒有，很簡單，沒有爭議。

　　以上是 Intel 前執行長安迪．葛洛夫（Andy Grove）在 1970 年代提出的 OKR 概念。在 Intel 內部，我們習慣以「 iMBO 」代替 OKR 來溝通。

　　「你今年的 iMBO 是什麼？」這是每年 1 到 3 月同仁見面常聽到的開場白。在 Intel 訂立目標，我們會先了解公司與事業部（Business Unit）的經營目的（Goal）、戰略（Strategy）、戰術（Tactic）和項目 （Project）等面向後再進行。

■ OKR 之意涵

實務上，Intel 的 OKR 意涵包括 2 部分：

1 以制訂目標（Objective）、關鍵結果 (Key Result) 為導向

· Objective –O 是你想要實現的特定目標或承諾

· Key Result –KR 是為實現目標，你所交付具體看得到、
  可以衡量的結果

2 在制訂和執行 O 和 KR 的過程中，帶來的組織應用與效
  益，包括：

· 聚焦於優先級別的活動

· 定期的績效反饋

· 完善組織內 / 組織之間的協調和溝通

· 提高生產力

OKR 不僅重視結果，更強調過程中團隊紀律、員工參與和
自我管理的展現。這也是 Intel 為了達成目標、提高績效，所採
用的引導團隊聚焦、專注、合作的組織戰略。

■ OKR 定位的種種迷思

我們經常看到 OKR 與經營策略、績效管理、目標管理、過程管理、敏捷組織等連結比較。我分別討論如下：

▌OKR 與企業經營戰略的關係

經營戰略與 OKR 是前後關係。組織高層依據公司願景、使命、價值觀，訂立經營戰略，之後再制訂公司、部門和個人目標，以這樣的順序確保組織上下方向目標的契合。許多成功案例驗證：**OKR** 的導入，初期可以提升團隊活力與效率；中長期下來，因為它加速連結企業的末梢神經與大腦中樞，也幫助經營戰略的優化。

▌OKR 是目標管理、績效管理、或過程管理嗎？

目標管理（MBO-Management By Objective）是將企業使命與戰略轉化為企業目標，再向下轉化成部門及個人目標。在組織制度框架下，各層級為目標的達成而努力，最後依目標完成的結果，進行考核評估。

績效管理是為了提高團隊績效，執行績效計畫制定、輔導實施、評估考核、反饋面談等方法的循環。

　　過程管理是結合企業戰略規劃和需求，制定相應的組織行為規範，進行全程的掌控，以及檢核過程的里程碑，追求目標的達成。

　　OKR 重視目標設定的品質，與執行過程的持續完善，是一套組織戰略。因為這個戰略執行得當，所以績效提升。所以概念上，**OKR 與目標管理相似；實務上，OKR 與過程管理的本質最接近；** 相較於績效管理，則是因果關係。

▍OKR 與敏捷組織的關係

　　若是行之有年的團隊，可期望藉由 OKR 導入，調整組織體質後，逐漸成為敏捷組織。若是籌建新團隊，可優先招募有 OKR 組織經歷的成員，加速敏捷組織的形成。

■ OKR 對於個人有何實用價值？

OKR 可以增進我們的邏輯思考能力，對於個人，可以應用於婚姻、愛情、家庭、友情、健康、求學、工作等面向，協助解決生活中的問題，**提升生活品質**。

我們先看一個婆媳相處的例子。Emily 新婚後，小倆口和婆婆住一起。因為工作忙碌，和婆婆疏於互動。婆婆對此頗有微詞，提議小倆口生個孩子，她可代為照顧。Emily 聽了陷入兩難，她有心改善婆媳關係，但不想這麼早當母親。

面對這難題，Emily 有 2 種思考路徑：

1 「生小孩，婆媳關係就會改善。」所以，「婆媳關係＝生育」。但這樣的思維過於單一，容易讓彼此陷入對立。

2 「婆婆要什麼？是孫子，還是小倆口付出的尊重和關心？」「自己和丈夫要的又是什麼？」她必須先釐清問題的源頭是什麼、決定她想達成什麼目的，接著思考要做什麼，才會達到目的。

第 2 種是 OKR 的思考模式。因此 Emily 訂下解決這難題的

方法如下：

O（目標—要達成什麼）：改善和婆婆的關係，維持家庭
和諧

KR（關鍵結果—如何做）：

KR1：2 年後生育（婆婆能享天倫之樂，也願意提供後援）

KR2：1 週與婆婆聚餐 2 次（陪婆婆話家常，拉近距離，
感情升溫）

KR3：每月攜同婆婆出遊 1 次（讓婆婆對親友鄰居有聊天
炫耀的題材）

Emily 發現用 OKR 的思考方式，生育就不是改善婆媳關係
的唯一方法。OKR 幫助我們用更寬廣的角度，評估解決問題。

再舉一個例子，Sydney 是一名大學生，再過一年畢業，希
望能夠順利找到工作。她為此訂下的目標：

目標：準時畢業，並獲得工作錄取通知

方法 1：努力 K 書

方法 2：發出履歷表給 50 家企業

這模式只描述執行方法，但並沒有說明產出的結果。這是任務導向思維。試想：努力 K 書，就能準時畢業？發出履歷表給 50 家企業，就必能獲得工作？

Sydney 若以 OKR 的方式思考：準時畢業的條件是什麼？申請工作過程中必須發生什麼關鍵事項，才能被錄取？再進一步訂下滿足這些條件和關鍵點的執行方法。所以，她訂出：

O：準時畢業，並獲得工作錄取通知

KR1：努力 K 書，成績達成全年級的前 10%

KR2：發出履歷表給 50 家企業，獲得 10 家企業的面試機會

目標（O）：準時畢業，並獲得工作錄取通知	
一般方式	OKR方式
方法1：努力K書 方法2：發出履歷表給50家合適企業	KR1：努力K書，成績達到全年級前10% KR2：發出履歷表給50家合適企業，獲得10家面試機會
任務導向： 只描述做法，不重視結果	價值導向： 專注方法與結果

其中的思考邏輯是：要獲得工作錄取，必須先有面試的機

會；而提高學業成績，有助於獲得面試機會。因此「獲得面試機會」與「優秀的學業成績」是達成目標必須經歷的里程碑，亦即關鍵結果（KR）。所以 OKR 是「**價值導向**」的思維。

OKR 方法論

> 從 Intel 實務「1 核心 + 2 方針 + 3 精髓 + 4 策略 + 5 能力」看 OKR 如何打造高績效團隊

◎ OKR 金句

　　大家應是學習「OKR 方式」管理團隊，而不是學習「OKR 目標」管理團隊。

　　影響組織績效的變數有很多。我們假設組織內人員和其他條件都是穩定正向發展的情況下，通常團隊發展的時間越長，績效會逐步提升；而許多團隊的績效提升卻相當遲緩。

　　什麼是造成績效差異的主要原因？主要是我們制訂目標和執行目標的過程中，採取的「**思考核心和執行策略**」不同。

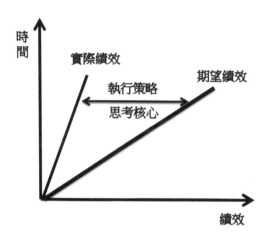

「1 核心 + 2 方針 + 3 精髓 + 4 策略 + 5 能力」是 **OKR** 的思考核心和執行策略，也是 **OKR** 打造高績效團隊的方法論。我們首先從方法論的基礎——3 大精髓談起。

■ 3 大精髓——導入 OKR 首要心法

3 大精髓「自下而上，少就是精，公開透明」是 OKR 的重要基礎，是實施 OKR 的成敗關鍵，也是 OKR 的重要心法。

精髓 1：自下而上，激發員工潛能

自下而上包含 2 個概念：

1 當主管指派部屬「承諾型目標」時，必須從部屬的角度思考，如何讓部屬清楚目標的意義與價值？如何讓部屬對目標有承諾？因此主管要清楚說明「我們為什麼要達成這個目標？」、「目標達成後，對公司、部門和個人會有什麼正面影響？」、「如果不做這個目標、或是目標沒有達成，會有什麼結果？」讓部屬知道為何而戰、為誰而戰，增加對目標的理解度與承諾感。

2 給予部屬一定比例的空間，自訂目標。有些主管聽到要讓部屬自訂目標，直呼：「怎麼可能？那不亂套了！」事實上，部屬自訂的目標內容，必須符合企業和部門的戰略和目標。目標訂定之後，部屬和主管進行溝通、妥協，獲得核可之後才可以執行。這個做法是讓部屬從自己的視角來設定目標，目的是挑戰自己，或補足公司部門目標未能覆蓋、但對組織有益的內容。

從人性心理來看，如果目標是部屬自發性訂立或承諾的，將會更重視結果的達成。因此在執行過程中，部屬會更主動發現問題點，遇到困難會竭盡所能找尋解決方案。所以，我們是以自下而上的運作方式，讓全員參與目標的制訂和討論，藉此激發部屬潛能，展現當責態度。

然而我們必須清楚一點，**OKR** 組織並非是全然的「自下而上」，而是「自下而上」和「自上而下」的交互運作。這符合企業戰略因應市場多變的需求，將公司、部門、與個人目標連結起來，幫助團隊成員轉換「聽命行事」的思維，解決「團隊僵化」的痛點。

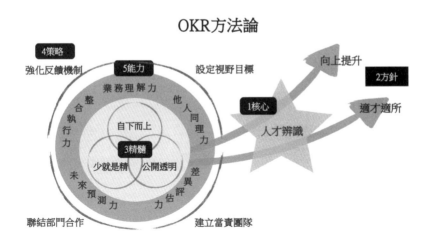

OKR方法論

精髓 2：少就是精，專注關鍵目標

我們設定的目標數量，不超過 3 個。

我在輔導企業過程中發現，許多部門一開始決定 3 個目標，但隨時間推移，手上進行的目標數量遠多於 3 個。或許我們認為每個目標都重要，放棄了很可惜，但請注意：當資源不變時，目標數量一旦增加，每個目標能分配的資源是不夠的，將導致目標達成的難度增加。最終每個目標都進行，但都沒達成。

要避免這種情形發生，團隊要實施目標「PK」制度。

在 Intel 服務期間，我會在農曆過年前飛到美國總部，了解所屬事業部新年度的業務發展方向。總部一般會提供 7~10 個戰略方向，最後由各區決定最適合區域發展的 3 個目標。我回到亞洲的第一件事情，是徵詢內外部合作夥伴對於區域生態發展和各個方向所需資源的意見。之後，7~10 個方向大致可以減少到 5 個左右。我做的第二件事是召集會議，讓核心團隊成員，針對這 5 個方向進行討論，最後決定當年度部門的 3 大關鍵目標。

在選擇關鍵目標的 PK 過程中，討論的議題包括：哪些目標完成，能為公司和部門帶來最大的效益？政府和行業生態的趨勢規範是否有利？內外部合作對象的資源可用性如何？若是今年不做這個目標，有什麼影響？我們採用這些角度來引導團隊思考目標的本質，評估目標的時效性和影響力，最後訂下最關鍵、對企業和部門最具有價值和影響力的目標。

完成目標制訂後，若在執行過程中，發現有新的機會或目標，我們也是持續這樣 PK 的思維，進行目標的取捨。原則上，必須保持原有的目標數量，讓資源專注在關鍵目標上。

面對市場與企業的動態多變，我們要持續 PK 的組織文化，不是一件簡單的事。曾經有一家企業的年度目標是「A 產品市占率成為產業第二。」在季度營運會議時，CEO 告訴我：「前些日子台積電要下一筆大單，但我們拒絕了！事實上，接了這單後，我們市占率將變為第一。」我問他：「為什麼拒絕？」他說：「我們思考在這個時候成為市場龍頭，是否符合公司的發展戰略？最後發現，目前作業界第二，是最適合我們的。」

CEO 接著說：「決定的過程其實滿糾結的，但拒絕未必不好。若接下這單，勢必會排擠手上其他項目，公司生產線需要重新排程、要調動更多資源，也要面臨組織人力重構的問題。我們仔細評估，這對公司原本的戰略布局會有什麼改變？公司原先訂的年度目標，還能達成嗎？業界第一的稱號固然響亮，但想到背後的挑戰與風險，我們還沒準備好，寧可放棄！」

當企業從上到下貫徹「少就是精」，習慣用「PK」方式作出選擇，即能迅速抓到重點，能對其他相對不重要的目標 Say No，將資源貫注在關鍵目標上。

▌精髓 3：公開透明，強化當責合作

公開透明意指團隊每位成員將當期工作目標、進度、完成結果、利益關係者、目標執行遇到的挑戰等訊息，定期更新在公司內部系統，讓核心團隊或公司全部同仁查閱。Intel 的做法是全球所有的正職員工，都能查閱到 CEO 的目標訊息。當然，每個企業的文化制度不同，您可以評估是否適合這麼做。

為了達到公開透明的運作，OKR 團隊必須養成 2 個工作習慣：

1. 定期更新系統訊息

這聽起來不是難事，但別忽略人性，不是每個人都願意將自己工作目標的相關訊息，攤在陽光下讓大家公開檢視。所以我們必須制訂規則，並要求團隊成員遵守。剛開始有些同仁會故意隱瞞訊息或不及時更新，但因為大部分的目標必須和其他部門或同仁合作，當其他人已經更新，對照之後很容易察覺哪些人沒有完全揭露訊息，所以這樣的情形會逐漸改善。

經過一段時間後，不願改善的同仁最終會離開團隊，而其他同仁的行為模式與心態則會漸漸轉變，他們的態度從閃躲推諉，變得直接坦然。表達的內容是經過思考、觸及重點的。同時他們展現的企圖心越來越高，會談到現在的目標在未來與其他部門業務的關聯性，從過去一個指令、一個動作的行為模式，轉變為會思考、提問和建議；也不擔心其他人知道自己的目標進度，只問自己是否盡力了。團隊當責心態與行為，就在這些過程中逐漸培養成型。

2. 定時登上系統查看訊息

公開透明為何可以促進「合作」？OKR 團隊上系統除了看自己團隊的工作訊息，也要關注其他部門的動態。若希望跨部門合作順暢，就必須先清楚你想要合作的對象，他們的關注點和需求點是什麼？他們本年度的計畫是什麼？下季度要做什麼？明年可能的方向是什麼？要即時知道這些訊息，除了會議交流，最便捷的方式就是上系統查閱。

在 Intel 服務期間，我曾與外部合作夥伴共建物聯網的解決方案，並將這目標內容，定期上傳更新到公司內部系統。有一名負責 OEM 客戶的業務部門同仁，我們在公司裡彼此不認識，而他的客戶那時正積極進行物聯網的規畫部署。他經由內部系統得知我部門有現成的產品服務。後來我們討論雙方目標，結合彼此資源，促成部門的合作。

■ 4 大策略

4 大策略的定義如下：

1 設定視野目標：保持市場趨勢的動態觀察，拋開本位慣例的思考枷鎖，訂定具影響力的挑戰目標。

2 建立當責團隊：以激勵因子建立執行 OKR 的紀律，養成「自下而上」思考執行模式，展現當責態度。

3 聯結部門合作：建立組織內「公開透明」的環境，強化與「利益關係者」的合作密切度。

4 強化反饋機制：主管以正面的引導與反饋，建立主動和建設性的對話機制。

乍看之下，OKR 的 4 大執行策略不就是我們組織運作的日常嗎？它和 PDCA（Plan、Do、Check、Action）有何不同？差異在於這些策略的實施方法，是融合 OKR 的 3 大精髓之內涵，因此實施方法與我們過往的不同。在本書的 Part 2，我們將詳細介紹每一個策略。

■ 辨識／培養 OKR 團隊 5 種關鍵能力

在 3 大精髓的基礎上，我們持續進行 4 大策略。這個循環過程可以逐漸辨識和培養團隊成員的 5 種能力：

1. 業務理解力

若對工作內容、產業生態、客戶、合作夥伴等情況不熟悉，目標是訂不好的。我們可從制訂目標會議的發言討論內容，以及要求 O 與 KR 訂立的品質，來提升同仁的業務理解力。

2. 他人同理力

在 OKR 組織進行跨部門合作前，我們必須清楚對方的生涯規劃是什麼？對方部門或個人去年的工作表現如何？在公司裡的評價如何？他們想更上一層樓還是低調保守過日子？「他人同理力」是指對於其他部門和同仁的觀察力。沒有這能力，跨部門合作將窒礙難行。

3. 未來預測力

目標制訂的討論過程中，我們要求同仁對於市場趨勢、競

爭對手與經營環境等方面的變化，提出影響企業營運的相關預測，藉此培養團隊分析現況和預測未來的能力。我們從會議發言及制訂目標的內容，可以觀察團隊成員在這方面的能力與視野。

4. 差異評估力

訂目標的思維包括未來達到的結果和現況的差異是什麼？縮短差異需要什麼資源？在目標制訂過程中，「差異評估力」是培養成員思考如何縮短差異所需的能力。

5. 整合執行力

我們預測企業內外變化，制訂目標，界定目標結果的差異，接下來必須有整合各方資源、合作達成目標的執行力。

■ 1 核心 ＋ 2 方針

1核心：係指「人才辨識」。經由 3 大精髓和 4 大策略的運作過程，我們評估成員 5 種能力的表現，主管可以將此作為人才辨識的重要依據。

2 方針：係指「**向上提升**」、「**適才適所**」。OKR 的導入，是一個不斷測試和激發團隊成員能力意願的運作循環。我們最終可辨識出有意願、有能力、與 OKR 組織文化合拍的成員，授予他們更多的責任與更大的舞臺，讓他們與團隊一起「向上提升」；反之，我們進行「適才適所」，將意願能力不符期待的成員，調離現職或評估去留。

2 全局式視野

OKR 的目標策略

目標制訂流程

> 你的目標與上級契合嗎？制訂目標只是主管
> 的事？如何讓老闆察覺你的價值？

🎯 OKR 金句

制訂目標是打造「OKR 組織」的第一步，是至關重要的一步，
但非全部。

OKR 導入的 4 個策略中，制訂視野目標是第一步，也是至
關重要的一步；但它並不是 OKR 導入的全部。

某次輔導諮詢的過程中，這家企業 CEO 在主管面前說道：
「在座的每位主管，你們都說部門的目標達成了。但是我要告
訴各位，我們去年公司總目標並沒有達成。你們告訴我，公司
要不要為你們每個部門發獎金？」

當初每個部門目標都是經過 CEO 批准的。但部門目標達成了，公司目標卻沒達成，這是為什麼呢？主要有 2 個原因：

1 許多企業關注市場與業務，而忽略制訂清晰的戰略和目標：上級目標不具體、不明確，造成下級單位接收的訊息，往往只是公司總營收或獲利的數字目標。

2 公司、部門和個人的目標內容沒有連結一致：下級單位的目標制訂後，沒有經過細部檢核，逕行核准實施。

■ 如何讓不同層級的目標契合一致？

OKR 的組織要如何讓不同層級的目標契合一致？首先來看公司不同層級的 OKR 目標制訂執行的順序，如下圖。

OKR目標 5 大循環

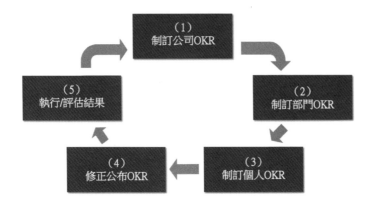

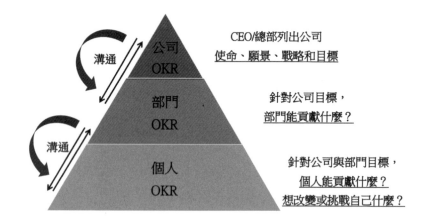

1 制訂公司 OKR：CEO 偕同一級主管，依據公司願景、使命和戰略，制訂出公司目標。

2 制訂部門 OKR：各部門主管帶領同仁理解公司目標的意義與影響後，一起思考部門可以為公司貢獻什麼？

3 制訂個人 OKR：參考公司與部門目標後，同仁思考個人可以貢獻什麼？改變什麼？挑戰什麼？

OKR 公司、部門與個人目標的關係，是一個正金字塔的結構，是「自下而上」和「自上而下」的雙向交互過程。我們以公司或部門的方向利益為框架，經過上下級以及平行單位的溝

通交流後，進行目標設定。而目標公布實施前，必須經由上級主管批准，並在實施過程和期末（月、季、年），對目標進度和結果進行檢核評估。

我們之前談到「自下而上」的意涵之一，是讓團隊同仁參與目標的討論和制訂。接下來，我們從部門目標的制訂流程來說明如何進行。

■ 制訂目標只是主管的事嗎？

制訂部門目標共有以下 5 個步驟：

部門OKR目標 制訂流程

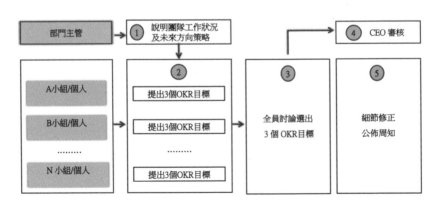

步驟 *1*：部門主管必須進行以下 3 件事：

- 清楚公司的總體戰略及目標

- 清楚公司對部門本年度的期望

- 對部門同仁宣達以上 2 點，並說明部門現況及發展方向
  策略

步驟 *2*：要求各小組或個人，從部門的高度思考，分別提出 3 個目標。小組若人數過多，討論的效果通常不好。建議 2~4 人分成一組。

步驟 *3*：進入部門全員討論階段，檢視所有組別及個人提出的目標，PK 後選出最終 3 個部門目標。

步驟 *4*：呈交上級主管（e.g. CEO）審核。

步驟 *5*：審核後，部門針對上級主管的建議進行調整，最後將目標登錄系統公布。

上述過程中，步驟 1 的起手式非常重要。我們必須讓所有成員清楚目標制訂的背景與藍圖，才能確保接下來的討論不會

偏題失焦，結果才能符合預期。在這些步驟中，我發現本土企業對於步驟 2 和步驟 3 的產出，感到相對地困難。

步驟 2 的困難點在於：即使各小組能提出 3 個目標，但通常缺乏部門層級的視野高度，內容大多偏向現有專案的持續執行或改善，缺乏創新突破的想法。

步驟 3 的困難點在於：成員對於公司內外環境的認知不到位，在 PK 的過程中，無法完整說明目標產生的價值與影響。此外這步驟的 PK 過程費時較長，同仁無法到齊參與，也造成全員無法對部門目標有一致性的了解和共識。

許多本土企業在初期導入 OKR 制訂部門目標的階段，雖然經過以上 5 個步驟流程，但我發現，超過 50% 的目標是部門主管提出後，其他同仁附議通過的！這並不是 OKR 組織應有的模式。雖然流程符合 OKR 團隊「自下而上」的精髓，但屬於流於形式的「假戲碼」。

不少主管說：「我們公司的員工長期習慣執行，若硬要他們思考，也很難有什麼好的產出！」這點出了我們企業的硬傷，也是企業為何應該導入 OKR 的主要原因。

■ 如何讓老闆察覺你的價值？

在傳統「自上而下」的企業，部門目標通常是由高層、部門主管和少數資深同仁拍板定案；而 OKR 的做法是部門全員了解公司戰略和目標後，由主管或外部顧問引導同仁提出想法，並討論訂出與公司戰略連結的部門目標。

討論過程中，我們思考部門目標為何要改變？要改變什麼？如何改變？以及要改變成什麼結果？數個回合後，團隊成員對於部門與公司目標的連結契合，將有更深的體認，也容易取得目標的共識與承諾。主管則從同仁的參與交流中，可辨識出哪些人的理解思維到位，而哪些人的意願能力有待提升。

以「自下而上」方式讓全員參與制訂目標的過程，是 OKR 組織運作非常關鍵的一步。這過程與結果不再是大老闆或部門主管的責任，員工也有義務提出意見和建議。不論是公司或部門層級的目標，都是依照上述步驟來執行。

以上過程也是員工展現能力和意願的絕佳時刻。作為公司的一員，你的老闆、部門同仁以及人資部門將觀察你是否具有

符合公司期待的意願和能力，來思考制訂具有視野的目標。若
你過往沒有類似的經驗，建議以正面心態看待這個挑戰，因為
這是你嶄露頭角、發揮價值的好機會。

目標定位縱深

你的目標思考涵蓋全局嗎？
分析市場和組織的 6 大視角與 4 大縱深

🎯 OKR 金句

我們期望所有同仁都有能力制訂具有視野的目標；但若不成，也必須確認大家都在 OKR 的組織規則氛圍下運作。

一般我們設定目標的慣性思維是：

「老闆要我做什麼？」

「我將去年訂的目標，改一下數字、結果提高一點，就是今年的目標。」

但 OKR 團隊要求的是具有視野的目標，它的思維是：

「老闆告訴你的，是從老闆的視角來看。從你看到的視角，除了老闆要求的，公司和部門還應該加強什麼？而你能從中貢獻什麼？」

「去年和今年的情況不同。去年的目標，今年再做，有意義嗎？去年目標達成的結果，是繼續維持，還是需要精進、或是刪除？看看內外環境的改變，我們應該做些什麼來因應？」

當我們談目標具有「視野」，它的意涵是：「保持動態觀察，拋開本位慣例，思考不予設限」。**你清楚產業與公司發展趨勢嗎？你的目標思考涵蓋全局嗎？**接下來，我們將從分析市場和組織的「6大視角＋4大縱深＋2大維度」來逐一了解「視野」。（2大維度將於下一章說明）

■ 目標設定的 6 大視角

我在 Intel 服務的部門，在每年的業務啟動會議（Kick-Off Meeting）或季度營運會議（Quarter Business Review）都有個議程，我叫它「失智喚醒」活動。舉行的頻率，少則 1 年 1 次，多則 1 年 3 到 4 次。活動方式是以部門或個人為單位，以

10~15 分鐘來思考回答以下 6 個問題：

1. 公司的願景／使命／目標是什麼？

2. 我們的客戶是誰？需求是什麼？

3. 公司的定位是什麼？我們產品和服務的價值是什麼？

4. 過去 5 年公司營運和市場地位如何？

5. 我們懼怕和擔心什麼？需要補強的是什麼？

6. 上個季（年）度的目標達成結果如何？

我們可以做個試驗，看看團隊有多少比例的同仁，能夠立即清晰地回答這些問題？這個活動提醒我們從公司的角度了解：我們是誰？應該關注聚焦的對象是誰？我們企業過去的表現如何？現在所處的市場定位？公司面臨什麼困難？

若對以上問題沒有清晰的答案，我們可能迷失於工作中，沒釐清方向。這好比忘記家在哪裡，不知道怎麼回家。我們建議部門討論分享後，進行跨部門交流，聽聽不同部門的見解。

■ 制訂目標的 4 大縱深

商場如戰場。目標設定前,我們需要強化「縱深」的概念,才能知己知彼。縱深是指軍隊作戰所處地域縱向的深度。而深度的高低,影響攻擊的力道以及防禦堅固的程度。

目標視野的4大縱深

▌第 1 縱深,了解企業的願景使命

願景代表我們期待的未來是什麼樣子,而使命是我們要如何抵達未來。清晰的願景使命幫助我們確定所有事項的優先順序,意味著團隊的每個人都知道:我們要去哪裡?是否走偏了?以及達到什麼才算是成功。換言之,願景使命是為我們的目標

提出一個框架、繪出一張藍圖。

比如，阿里巴巴的願景使命是：「讓天下沒有難做的生意」，於是他們的團隊制訂目標時會思考：「要讓廠商容易做生意，我們這個電商平台要做什麼，才能讓他們願意到我們的平台？」、「廠商他們在乎什麼？」、「進貨、銷貨以及存貨問題，我們如何協助廠商？」這些思考內容，成為阿里巴巴團隊制訂目標的框架藍圖。

企業清晰的願景使命，可以引導團隊思考：「我要怎麼透過目標設定，達成公司的願景使命？」

▍第 2 縱深，分析你的競爭對手

我們從以下 3 個維度分析競爭對手：

1 競爭對手是潛在進入者、還是現有競爭者？這兩者帶給我們的威脅各是什麼？

2 從產業生態圈評估，我們和競爭對手是打對峙的群體戰、還是有競合的機會？

3 品牌優勢、進入障礙、成本優勢、通路成本、學習曲線等面向分析。我們舉個例，2021 年初，特斯拉挾著獨特的電動車空調技術，宣布進軍空調業！「特斯拉在空調市場，有品牌優勢嗎？」、「它進入這個相對飽和的市場，會面臨什麼障礙？」、「它會採用什麼銷售策略？」「它的成本和售價是否具有競爭力？」、「它進入新行業的學習曲線夠快嗎？」

第 3 縱深，市場趨勢的 4P 及 4C

我們可以用行銷學的「4P」和「4C」分析市場趨勢。4P 分別是 Product（產品）、Price（價格）、Place（地點）及 Promotion（推廣）。

舉 Product（產品）為例思考：我們產品的優劣勢是什麼？產品設計是依據企業現有資源、技術發展出來的？還是從「客戶使用方便性」角度設計的？隨著科技發展，汽車已變成一部大型電腦。我們的產品能否在車內使用？還是只能限於辦公室和家裡使用？這關乎我們產品的競爭力。

再以 Promotion（推廣）為例，「行銷 4.0」概念推出後，加上大數據、5G 乃至於 6G 等科技發展，對於我們的商業模式帶來哪些改變？「直播＋短片＋社群經營」的模式適合我們嗎？

4C 分別是 Customer（顧客）、Convenience（便利）、Cost（成本）及 Communication（溝通）。客戶的需求是什麼？對價格的敏感度如何？客戶對於我們產品服務的評價如何？我們與客戶的互動如何？我們的客戶服務中心、網站、App，所提供客戶的資訊是否一致？客戶體驗的差異如何？需要完善什麼？

4P 和 4C 的分析可引導我們多面向找到營運改善和創新的想法，也是視野目標的重要思考來源。

第 4 縱深，商業環境：政治、經濟、社會及科技

政治：包括政治穩定、法律、環保、稅收、政策及政府合作等面向。假設我們是餐飲業，政府頒布垃圾分類的新法令，對內用外帶的生意分別產生什麼影響？

經濟：包括匯率、失業率、通貨膨脹、政府開支、利率

和貨幣政策、消費者信心等面向。假設我們是進出口貿易商，匯率變動會造成什麼影響？又或者我們主要業務是承接政府標案，若政府預算大幅刪減，我們的營運方向應該如何調整？

社會：包括教育程度、生活方式變革、人口生態、疫情等面向。例如疫情對民眾生活作息和消費習慣產生什麼變化？因為民眾減少外出，線上通訊設備、家用遊樂設施的需求增加效應有多大？或是社會少子化和高齡化問題，若我們是教育、保險、銀髮和醫療產業，產生的衝擊和機會是什麼？如何因應？

科技：包括技術變革、能源利用、技術更新速度等面向。比如 5G 裝置所需要的晶片數量，比過往的裝置要多；晶片需求增加，對於半導體產業、其他科技製造業產生什麼連動影響？

6 大視角和 4 大縱深的分析，使得我們對企業內外部環境的理解更為到位，讓我們在制訂目標時，拉高度、擴寬度、換角度，讓目標的品質更具視野和影響力。

目標的價值是什麼？

如何訂出令人驚豔且具影響力的目標？

OKR 金句

如果說不出目標完成後產生的具體影響力，代表這個目標的價值不大，可以捨棄不做。

我們進行了上一章 6 大視角和 4 大縱深的評估分析後，下一步便是結合部門執掌與個人職責，訂立目標。這時候，我們需要考慮以下 2 大維度。

■ 目標要能產生影響力

OKR 組織在制訂目標時，必須考慮目標達成是否具有 2 種影響力：市場效應（**Market Impact**）和業務效應（**Business Impact**）。

市場效應

　　市場效應是指目標完成後，能否提高我們在目標群體的知名度？能否提升我們在業界的品牌地位？能否讓上下游廠商將我們列為首選的合作夥伴？「心占率」（Mind Share）是評估市場效應的其中一項指標，亦即品牌在市場、客戶及合作夥伴心目中的占有率。比如你去便利商店買東西，有 7-11、全家、OK 等品牌可以選擇，為什麼你選 7-11 ？因為 7-11 在你心中的占有率比較高。

業務效應

　　「業務效應」大多指目標完成後，對於企業和部門營收獲利的影響。比如「要拿下 XXX 客戶的訂單」，針對這目標我們思考：這張訂單對於業績的影響是什麼？若訂單拿到了，讓整個部門或公司 3 年內「衣食無缺」，這個目標就值得全力衝刺達成。或是有個代理商銷售競品的成績很好，在市場的影響力很大，那「達成代理協議」的目標，就具有很大的業務效應。

　　我們談的效應是指當 O 與 KR 達成後，是否具有中長期的

價值，包括：提高心占率、市占率、業績和獲利。最理想的狀況是你的目標同時具有市場效應和業務效應。

而對於非銷售體系的部門，如人事、製造、財務等，雖然功能執掌並非直接與市場數字掛鉤，但仍然可以連結業績和獲利的思考模式訂立目標。比如：財務部門訂立「編列產品損益分析表」的目標，其價值是讓相關部門能夠快速地查詢到產品毛利，檢視經營獲利情況。這個目標就具有「業務效應」。

■ 目標要具備挑戰度

分析 6 大視角和 4 大縱深的過程中，可以幫忙我們思考目標應該包括什麼群體對象，做什麼屬性的事情。選對了對象和事物，只代表我們走在正確的方向途徑上思考目標。但目標能否加大影響力的程度，取決於目標的挑戰度。

有個銷售部門的目標：季度銷售額增長 10%。但被 CEO 打了回票。他認為目標雖然比前期成長，但每個季度提高一點，沒什麼意義。為何不訂一個能夠帶給公司較大貢獻，又能激勵同仁、留下好名聲的目標呢？ CEO 和銷售主管溝通後，最後主管同意將目標改為「打破部門季度銷售紀錄」。

這主管說：「雖然我同意了，但和老闆談完後兩天沒有睡好覺。我看了目標就不舒服，這目標要怎樣才做得到啊？後來我思索到底要做到多少，才能打破部門銷售紀錄？我翻了過去的紀錄後發現，將銷售額做到比上一季高 20%，就可以達標了。之後我清點部門資源，評估市場的需求和代理商、經銷商的情況後，我發現目標是難，但還是有機會達成。」

「挑戰度」目標的特質是：**看到會不舒服、以前沒發生過、但有機會達成。**OKR 團隊要求制訂具有挑戰度目標，其目的除了提供具有影響力的貢獻，也鍛鍊我們創新思考與執行的能力。Intel 前總裁 Andy Grove 曾說：「設定比較艱難目標，乍看下，完成率大多比目標容易的同仁來得低，但表現是高一個層次。

目標越難，員工的表現越好。」

我們本土企業的文化，要自發性制訂挑戰度高的目標，有可能嗎？一家科技製造企業的技術部門，他們的部門目標是：「製成技術符合 Tier-1 客戶的需求」。

我問：「Tier-1 客戶目前用了哪些廠商的產品技術？」

部門副總說：「主要是富 X 康。但我們現在研發的水準，已經可以和它平起平坐了！」

這時一位資深工程師突然跳出來補充：「顧問，其實某些技術我們已經領先對方了！」

我順勢試探著：「那你們要不要考慮調整 O ？」頓時全場靜默！

隔了 1 週，在 OKR 團隊會議中，我看到部門目標改成：「製程技術超越富 X 康」。

「製程技術超越富 X 康」 vs. 「製程技術符合 Tier 1 客戶的需求」，這 2 個目標的挑戰度差異，對部門造成不小的影響。

副總和我聊到：「那時目標調成這樣，大家確實有些忐忑。但我看到的，不完全是目標能否達成的考量，而是大家想要跳脫框架，挑戰自己。」

「對於挖坑自己跳，執行過程中團隊也出現過雜音！後來團隊認知到一點，雖然目標訂得有點高了，但既然訂了，咬著牙也要完成。」

他接著對我說：「顧問你知道嗎？那個目標制訂會議，我們開了一整天，這是以前沒發生過的。也因為有了充分的討論，大家了解這 2 個目標的差異，和達成後的影響，也清楚之後要做什麼，怎麼做。這樣的共識和凝聚力，是過去沒發生過的！」

目標設定第一步

目標（O-Objective）與關鍵結果（KR-Key Result）的設定準則與案例探討

🎯 OKR 金句

我們要思考的，不單是我們目前在哪裡，更重要的是我們「將要去哪裡（O）」以及「怎麼去（KR）」。

6 大視角、4 大縱深和 2 大維度，是制訂視野目標前必須事先做好的功課和具備的心態。接下來，我們來了解以下的目標設定準則。

■ 目標（O）需以定性文字表述，而非數字

目標（O-Objective）描述的內容，是完成目標後的一種「境界」。你想達到什麼境界？

如前一章的案例（見下圖），A 例的 O 是季度銷售額增長 10%。這內容有什麼問題？它是敘述「定量」的結果，而不是境界。定量敘述將限制我們的動機和積極性。若你的部屬明明有能力提升超過 10% 的業績，但目標寫了 10%，而你也核准了，他會覺得「我做 10% 就可以交差了，反正老闆同意了。」這對於聽命行事、執行導向思維的部屬沒有影響，但卻會壓制積極度高、有企圖心的部屬。

O (Objective) 設定準則

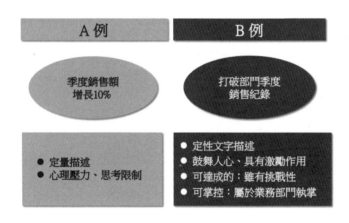

所以我們應該以「**定性**」的方式將 O 改成 B 例——打破部門季度銷售紀錄。訂 O 時必須深思熟慮，除了內容要和上級的方向目標契合，也要兼具鼓舞人心、激勵團隊或個人的效用。另外目標內容不能遙不可及，**必須是「有機會達成的」**，而且是和目標負責人的業務職掌有關。

■ 關鍵結果（KR）的重要關鍵是價值導向

接下來說明關鍵結果（KR-Key Result）的制訂準則。

右圖左邊的 3 個 KR 內容有什麼問題？首先我們思考：進行這些方法，能完成「打破部門季度銷售紀錄」的目標嗎？我們進行這些 KRs，需不需要花費公司資源？是不是應該重視產出的結果？

所以要想清楚：舉辦 5 次加盟店促銷，是為了什麼？花錢招募 10 個銷售人員的目的是什麼？舉辦 2 次經銷商培訓，又能產出什麼結果？而這 3 個方法所累積的結果，是否能符合完成目標的條件？因此，這樣的 KR 表述並不完整，屬於「任務導向」的思維。

O：打破部門季度銷售紀錄

KR	KR
1. 舉辦5次加盟店促銷	1. 舉辦5次加盟店促銷，**貢獻總銷售目標的30%**
2. 招募10位銷售人員	2. 招募10位銷售人員，**直客銷售達到100萬**
3. 舉辦2次經銷商培訓	3. 舉辦2次經銷商培訓，**完成經銷收入目標的20%**
任務導向：描述方法	**價值導向：專注（方法+結果）**

　　正確 KR 的寫法如右例，它不只表述方法，並描述執行方法後可衡量的產出結果。

- KR1：舉辦 5 次加盟店促銷，**貢獻總銷售目標的 30%**

- KR2：招募 10 位銷售人員，**直客銷售達到 100 萬**

- KR3：舉辦 2 次經銷商訓練，**達到經銷收入的 20%**

　　KR 必須以價值導向的思維描述執行方法和產出結果。此外，撰寫 KR 的其他要點還包括：

執行方法不能省略

許多人認為既然是 KR，寫結果就好，為什麼還要寫出方法？你的 OKR 目標除了給自己看，最後要呈報主管審批，同時要公開給其他同仁參考。所以寫 KR 執行方法的目的：

1. 讓主管和同仁了解你打算採用哪些方法。他們可依據過去的經驗，反饋這些方法的可行性，以及達成 KR 的可能性。

2. 若其他同仁未來的目標計畫中，與你的方法有關，彼此可以早一步形成跨部門合作。比如其他部門或同仁的目標，和加盟店、行銷、客戶等主題有關，看到你的 KR：「進行 5 次加盟店促銷」，他們會關心你將邀請什麼客戶、用什麼方式促銷等細節，考慮能否結合雙方的資源，是否有機會合作。如此，可將促銷活動做得更精實，達成彼此的目標與利益。

KR 指標須量化，設定數量以不超過 3 個為宜

KR 的產出必須可以衡量，並能經由估算，顯示出 O 達成的進度。以上述目標為例，若完成 KR1 和 KR2，我們可以估算「打破部門季度銷售紀錄」的目標，目前的達成率是多少。另外 KR 的數量以不超過 3 個為宜。

■ KR 撰寫的 4 種類型

KR 的產出通常以 4 種類型描述：

1 正向：提升、增加等正向動詞描述，例如「每篇文章的點閱率提升 5%」。

2 負向：減少、降低等負向動詞描述，適合用在時間和成本等情況，例如「將付款時間從 2 個月減少到 1 個月」。

3 範圍：以區間表述 KR 的產出，例如「維持產能利用率在 70 ～ 80% 之間」。

4 里程碑：適用於無法以數字衡量的 KR，例如產品或行政部門的 KR，可以寫成「10 月 31 日前發布通知功能」、「在 9 月 30 日前，總經理批准 SOP」。

■ 3 個案例探討

接下來我們透過以下案例，評估其中的思考模式與描述是否需要調整，來測試自己對 OKR 目標設定準則的理解程度。

案例 1

O：促進業務拓展的品質

KR1：產品發表會結束後 24 小時內，進行超過 50% 潛在客戶的拜訪活動

KR2：建立最佳銷售流程的檔案

KR3：業務同仁參加 3 場產品發表會

完成 KRs，能幫助 O 的達成嗎？是否只寫了方法，沒訂出幫助達成目標的關鍵產出？比如 KR3，業務同仁參加產品發表會的目的是什麼？我們可能會說：增加對產品的理解度。理解度提高了，業務拓展品質自然提高！若是如此，我們如何確定參加了產品發表會，可以增加對產品的理解度？通過產品知識測驗！所以，KR3 應該調整為：「業務同仁參加 3 場產品發表會，通過產品知識測驗」。

案例 2

O：提供世界級的客戶支援體驗

KR1：Tier-1 客戶的緊急需求在 1 小時內解決

KR2：Tier-2 客戶的支援要求在 24 小時內解決

KR3：Tier-1 客戶的滿意度達到 95% 以上

我們要確認「世界級」的具體標準是什麼？而 3 個 KR 的產出是否符合世界級的標準？

案例 3

O：打造高績效 RD 團隊

KR1： 產品規格滿足 3 家 A 咖客戶

KR2：規畫方案達到 60% 沿用

KR3： 導入專案管理方法，建立執行 SOP

目標設定後，必須經過主管同意才能實施。所以，撰寫 OKR 目標前，必須了解主管對我們的期望。這個案例，主管對

於「高績效 RD 團隊」的定義標準是什麼？需要什麼事實發生，我們才會被認定是高績效團隊？是「滿足 A 咖客戶、方案沿用比例、專案導入的 SOP」等 KR 產出嗎？這些是主管認為我們最急需補強的？或者僅是我們自己認為的維度？

評量目標的品質

OKR 目標的靈魂與軀殼：評量清單與 3 大檢核點

🎯 OKR 金句

別只學了 OKR 目標設定的軀殼，更重要是靈魂。

我們撰寫目標後，須經由一定的評量及檢核方式，來確保目標的品質。以下為 OKR 目標的 Checklist（評量清單），你可依此對照修正。

1 O 與企業發展戰略方向有關

2 O 的內容要能鼓舞人心、充滿想像、富有激勵作用

3 KR 達成後，O 也隨之達成

4 KR 之間互相獨立、不重複

5 目標內容具有挑戰性，完成後具有市場效應（Market Impact）、業務效應（Business Impact）

6 O 不超過 3 個，每個 O 的 KR 不超過 3 個

7 KR 產出必須可衡量，且在目標負責人能力掌控範圍內

■ 目標制訂的 3 大檢視面向

對照 Checklist 後，建議你從目標的**技術面、邏輯面、影響面** 3 個面向再進行檢視，提升目標的品質。

▍技術面

1. 善用里程碑的概念：

OKR 目標制訂的核心概念之一是「里程碑」。比如我們以「提高免疫力」作為長期努力的方向，在朝往這方向邁進的途中，我們可以制訂數個不同期間達成的里程碑，作為季度或年度目標，例如「完成玉山攻頂」就是其中之一。所以，方向和目標是里程碑的關係。

而 O 與 KR 亦是里程碑的關係。比如：O 是「完成玉山攻

頂」，其中一個 KR 是「5 公里跑步在 20 分鐘內完成」。完成
這個 KR，代表心肺功能達到一定強度，是完成 O 的必要條件
之一。我們制訂目標的思維是依據方向，先訂 O，再訂 KR，之
後列出行動計畫（Action Plan）。所以，我們按部就班完成行
動計畫，KR 就能達成。而 KR 一一完成後，O 就達成了！這就
是里程碑的概念。

2. 檢視 O 和 KR 的制訂順序是否錯誤：

不少「任務導向」思維的同仁在撰寫 OKR 目標時，習慣
思考以現有的工作內容寫 KR，之後再想個標題當成 O。這種先
訂 KR 後訂 O 的方式，如同「先射箭再想著如何畫靶」，其順
序是錯誤的。OKR 目標是「價值導向」思維，我們應該先思考：
我們要達成什麼境界（O）？再思考要如何達成（KR）？

▌邏輯面

經由 KR 的完成，O 是否就能達成？這強調 O 與 KR 之間
的邏輯性。而邏輯性是否正確，關鍵在於我們的業務理解力及
差異評估力。

1. KR 是否夠關鍵？

以人事部職工福利的目標為例：

O：舉辦一場內容豐富、氣氛良好的歲末晚會

KR：選擇適合場地和安排餐點住宿

這案例的 KR 偏向任務導向，而且不夠關鍵，不符合達成 O 的條件。要舉辦「內容豐富、氣氛良好」的晚會，關鍵不在於場地、住宿等硬體設備的安排，而是如何營造參會者之間的密切互動和正面感受。所以 KR 的思考應偏向軟性無形的需求，比如：邀請擅長帶動氣氛的主持人。

我們再看一個業務部門的 OKR 目標：

O：打破部門銷售紀錄

KR1：每個百萬級客戶各下單 500 萬以上

KR2：非百萬級客戶的重複購買率增加 10%

KR3：經銷商下單金額增加 30%

要完成 O——打破部門銷售紀錄，業務部門要先估算需要達到的總業績金額。接著要確認完成 3 個 KR 後，是否能達到總業績的數字。因此每個 KR 必須夠關鍵，是能夠對於 O 的完成提出貢獻的。

2. 目標的依存條件（Dependency）是什麼？

我們在制訂目標前必須清楚：這個目標的依存條件是什麼？亦即目標完成所需的必要資源和條件有哪些？若這些資源條件是由其他部門或個人掌控的，則必須先獲得對方的支持。比如：業務部門希望經由加盟店促銷活動，達成業績；而促銷活動需要行銷部門的資源投入。所以業務部門訂立目標前，必須先獲得行銷部門的「畫押」支持。

如果我們訂立一個自己完全沒有掌控能力的目標，將存在極大的風險，也不符合 OKR 目標設定的思考邏輯。

▍影響面

　　你的目標有人在乎嗎？讓人看了有感覺嗎？制訂目標前，將以下 2 個步驟做到位，你的目標將更具影響力。

1. 思考為何要制訂這個目標？

　　制訂目標前，回答以下 4 個問題：

- **為什麼要改變？**現在的痛點是什麼？比如：系統功能不足，客戶訂單確認流程花 10 小時之久，導致客戶流失、滿意度降低。

- **要改變成什麼樣子？**你希望達到的境界是什麼？比如：減少人工作業，讓系統自動判別。

- **如何改變？**你要如何做？比如：系統功能補強。

- **目標做與不做的影響是什麼？**比如：做了之後，作業流程時間減為 5 小時，人事成本節省 30%，客戶滿意度提高 10%。

2. 要如何顯示目標的價值？

OKR 組織通常依據以下 2 點，評估目標是否具有「價值」：

· 目標與公司戰略方向的契合度

· 目標完成後的影響力

目標是否具有令人印象深刻的影響力，取決於如何完整表述目標完成前後的差異。而這需要數據資料的佐證，來提高說服力。

上下級目標間的關聯

不是「拆解」而是「連結」！
OKR 上下級目標設定的 3 大概念

OKR 金句

如何避免OKR做回KPI？上下級目標的關係，不是「拆解」，而是「連結」。

OKR 團隊重視上下級目標的契合一致，希望達到《孫子兵法》所說「上下同欲者勝」的境界。我觀察剛導入OKR的團隊，超過 70% 做到了「表面上」的上下級目標契合一致；但實質上，他們誤解了上下級目標制訂的概念，造成下一級單位同仁的發揮空間受限，也降低了上一級單位目標應該有的視野和影響力。以下是大家經常忽略的 3 個概念。

1. 上下級單位目標的關聯，不是「拆解」，而是「連結」

許多網路文章和書籍提到：「我們要『拆解』上級的 OKR，這樣才能讓上下級的目標對齊一致。」但 OKR 組織裡的上下級目標，不是「拆解」，而是「連結」關係。這是什麼意思呢？

以下圖為例，假如一家高級餐廳訂的公司 O 是「提升顧客滿意度」，KR 是回客率達到 60%。而下一級（部門）將上一級的 KR 當成自己的 O，然後再寫出自己的 KR。這種方式為「拆解」。

記住，上級單位的 **KR**，不能作為下級單位的 **O**。

上一級	下一級
O：提升顧客滿意度	O：回客率達到60%
KR：回客率達到60%	KR：推出5項增值服務

我們除了認領上級的 KR，還要思考能為上級的 O「做些什麼」。所謂拆解，不過是對任務進行分配。這有什麼不好的影響嗎？首先，下級將你的 KR 當成唯一的方向，這又回到「自上而下」，走上之前 KPI 的回頭路。換句話說，這種方式上級做 A，下級只能做 A。下級的同仁沒有足夠思考及發展的空間，只有執行的角色。

再者，若下級沒達成目標，上級可能就來指責了。但這個目標到底是上級要你完成的，還是你自己想做並負責的？這就發生權責不清的問題。在 OKR 的組織中，訂立目標的人是必須對結果負責的。

根據我的輔導經驗，許多下級單位是直接「複製＋貼上」上級的 KR 來訂立 O。遇到這情形，我對主管的建議：必須嚴正退回內容，要求部屬再思考、再挑戰自己。否則，最後部屬會認為導入 OKR 是玩假的，現在做的還不是跟 KPI 一樣。

若經歷 2~3 次的循環，部屬還是沒做出調整，代表他沒有想法，是聽命行事的風格！在 OKR 團隊裡，只會拆解，沒有新

想法或連結目標的能力，其工作升遷將遭受很大的阻礙。

至於前面提到的「連結」，又是什麼意思呢？

OKR 目標制訂強調「自下而上＋自上而下」的思考邏輯。如前述的例子，高級餐廳訂的 O 是「提升顧客滿意度」，若我是前台經理，參考這個公司層級的 O 之後（自上而下），與部門同仁討論訂下「讓顧客不輕易放棄等位」的 O（自下而上）。這不但讓 OKR 組織上下級目標的連結一致，且下級目標的達成，是對上級目標的達成能做出貢獻。這就是「**連結**」。

總結來說，**下級制訂 O，要參考上級的 O**，而不是上級的 **KR**。

餐廳的O - 提升顧客滿意度	
前台經理的O	讓顧客不輕易放棄等位
行政主廚的O	獲得顧客對菜色的更高評價
財務部門的O	提高顧客多元快速的付款方式

2. 上級單位的 O 要與「所有」下級單位的職能對接

為什麼要對接？ OKR 組織是選定最關鍵、最具影響力的目標來進行。若上級目標是所有下級單位能貢獻的，將有助於提升目標的挑戰度、達成率和影響力。

以前述高級餐廳為例，公司的 O 是「提升顧客滿意度」，這與每個部門的職掌都有關聯。公司高層只要明確目標內容的定義，授權各部門發想的空間，之後每個部門將會針對各自的職掌，思考如何提出貢獻。

比如：前台經理思考為了提供更好的客戶體驗，他提出「讓客戶不輕易放棄等位」的部門目標；而行政主廚的思考是以「獲得客戶對菜色更高的評價」來提高客戶滿意度。

3. 上級單位的目標不能由下級單位的目標「組合」而成

許多公司或部門層級的目標，是由下級單位的目標組合而成。這方式看似符合 OKR 目標上下對齊的精神，但通常下級單位提出的內容，是以強化現有功能執掌，提高產出的角度居多。在開拓新局、提高戰略視野上，欠缺上級單位應有的高度。

這個做法的另一負面影響，是讓原本應該是下級的目標，變成上級的目標，這將造成所有下屬單位的目標思考空間受到擠壓。造成這情況的原因，一般是討論研擬目標的時間不夠充分，只好急就章；也可能是主管缺乏帶領團隊、制訂目標的意願和能力，選擇便宜行事。

以上 3 大概念，都圍繞著 OKR 組織的一個重要信念：創造公平的機會，讓同仁獲得更多的資源與空間，發揮想法和能力，讓團隊和同仁一起向上提升。

自我練習 OKR

┃OKR 目標表單説明

◎ OKR 金句

進行戰略與戰術、目標設定與執行，若最終不能以財務數據體現結果，將無法全面顯現我們的價值。

接下來進入 OKR 目標的實戰設定了！下圖表格中的欄位，是我們制訂目標必填的。你也可依企業部門的實際需求，增加欄位。

OKR 目標表單

目標 (Objective)	關鍵結果 (Key Result)	權重 (100%)	挑戰度 (1-5)	KR 完成的 影響力 (Impact)	進 度	自評 完成率

目標（O-Objective）和關鍵結果（KR-Key Result）

這是目標表單的主體。數量秉持 3 大精髓的「少就是精」原則，不論什麼層級，O 不超過 3 個，每個 O 關聯的 KR 不超過 3 個為宜。

此外 OKR 目標的撰寫方式，和寫計畫報告不同。描述要精簡，摒棄不必要的措辭，清楚寫明「 你要達成什麼、如何達成」的關鍵訊息即可。原則上每個 O 的字數不超過 15 字，KR 不超過 20 字。許多人對於 KR 描述限於 20 字，感到很困難。我們舉以下案例說明如何修改：

KR 修改前：「提供客戶物聯網企業解決方案，協助客戶建置智慧農業、智慧商店、智慧工廠等智慧應用服務，完成 5 家 POC 客戶場域建置。」

KR 修改後：「提供物聯網解決方案，完成 5 家 POC 場域建置。」

我們刪除了「協助客戶建置智慧農業、智慧商店、智慧工廠等智慧應用服務 」等文字。這部分屬於細節說明，你可以在

目標審查會議中口述，或陳列在其他表格。若你團隊希望在一張表格上看到所有要點與細節，可將這部分放入增列的「任務說明」欄位。

要將 OKR 目標描述到位，必須掌握提綱挈領的原則，經歷一次次不斷思考打磨的過程。你或許需要中等以上水準的文字能力，但真正的關鍵是「精煉重點、說重點」的能力。

▌權重

權重係指每個 KR 的重要性。一個目標負責人最多可設置 3 個 O、9 個 KR，所有 KR 的權重加總等於 100。權重並不是考慮 KR 所需的工作量，而是取決它的重要性及完成後發揮的影響力。

為什麼要寫權重？第一、讓我們思考每個 O 及所屬 KR 的優先順序；第二、讓我們和主管能更深入有效地討論對目標的看法。「你第 1 個 O 所有的 KRs 權重加總超過 50%。但 3 個 O 比較起來，我認為第 2 個 O 比第 1 個 O 來得重要。」在討論審核的過程中，主管會提出他的建議，交換彼此對目標重要性的認知，藉此強化上下級目標的契合度。

▍挑戰度

挑戰度係指在制訂 KR 的那一刻，你對 KR 完成的掌握度。挑戰度分為 1-5 級，難度最高是 5，最低是 1。為什麼要註明挑戰度？目的是讓主管了解你對目標完成的掌控程度。這是測試主管和部屬對於目標相關的業務全貌，以及所需資源的難易度，是否理解一致的過程。

比如：部屬設定 KR 挑戰度是 4，但你認為沒這麼困難，應該是 3 比較合適。透過這個差異，主管可以了解部屬的想法。或許部屬認為所需的關鍵資源很難取得，所以挑戰度高，但你了解的情況並非如此！你可以經由挑戰度認定的討論比對，加速全員對公司業務環境動態的正確認知與團隊動能。

許多人說，要讓全員對於挑戰度級別的認定達成共識，並不容易。導入 OKR 初期，團隊確實需要一段時間磨合。一旦主管與全員對業務屬性、市場情況和公司資源的熟悉度有一致的理解後，將漸入佳境。

KR 完成的影響力

這是 OKR 目標表單的重頭戲。KR 完成的影響力,其重要性和撰寫的要點如下:

1. 主管閱讀表單內容的重點會落在「權重」和「影響力」,特別對於部屬自發性的挑戰型目標。影響力也就是從市場效應(Market Impact)和業務效應(Business Impact)2 個維度,說明目標完成對於公司部門的貢獻。如果你寫不出具體的影響力,代表這個 O 或 KR 的價值不大,可以捨棄不做。

2. 影響力的描述如同寫一張說帖,聰明有企圖心的目標負責人,會竭盡所能地思考如何加大目標的影響力。若你的說帖能說服主管們,他們將樂意協助你獲得所需資源,達成目標。

3. 避免描述表面性的影響力,或是大家已知的因果關係。比如:

KR:「9 月 30 日前完成業務系統功能補強,通過業務部主管驗收。」

KR 完成的影響力:「簡化業務同仁製作詢報價之作業流

程。」

這樣的描述過於表面，沒說出具體的影響力。

KR 完成的影響力可以調整為「簡化製作詢報價之作業流程，由 10 小時減至 6 小時。」

主管期望看到的影響力內容，是可衡量的數據。若能轉換成財務數字，以「增加多少營收或獲利」或是「節省多少成本」的角度表述，可讓目標的價值看起來更有感覺，因為財務數字是企業管理的最終體現。

所以我們應該這樣思考 KR 是否具有價值：

「如果業務系統功能不補強，現在製作詢報價的作業流程要花多少時間？」

「而執行這個 KR、優化了系統功能，可以減少多少作業時間？前後的差異節省多少人力成本？」

「能節省下來的成本數字，對公司和部門的重要性高嗎？」

「若節省的成本有限，我們將資源用在其他目標，是否能

獲得更大的產出？」

所以我們必須清楚每一個 KR 制訂的目的，以及完成後產出什麼差異結果。你是否發現，要有效地描述影響力，我們對目標優先順序的判斷，以及對企業內外環境的了解，必須具有一定程度的能力。同時還必須擁有良好的「差異評估力」（請參閱第 67 頁）；這能力的展現，與企業是否累積完整的數據紀錄息息相關。當然，不是所有目標的影響力都適合以數字展現，我們也可以描述對公司文化或員工士氣等具有價值的影響。

進度

評估每個 KR 進行的狀態，一般是以 4 種燈號表示。

- 紅色：代表進度遠落後於預期

- 黃色：代表進度狀況不明朗，因為某種不明因素需要觀察和排除。比如：疫情導致塞港，零件無法準時交貨。

- 綠色：代表進度符合預期

- 藍色：代表 KR 已完成

除了燈號，也可以另以文字補充說明。在 OKR 團隊進度會議中，一般會先檢視紅色及黃色的 KR 情況。

▎自評完成率

指季（年）度終了，由目標負責人評定完成率，替自己打分，但最終需經過主管的核可。

■ OKR 目標表單之目的與使用方法

為什麼要使用 OKR 表單？它至少有以下 3 個目的與好處。

1. OKR 目標表單是你在企業內部的重要名片：目標不只寫給自己和所屬部門看的，而是全公司同仁。讓大家能夠快速了解你的工作目標重點是什麼？目標完成的掌握程度？帶來的價值影響力是什麼？這是提升你在團隊的能見度和增進跨部門合作的重要工具。

2. 填寫 OKR 目標表單的好處，除了促進主管和部屬對目標內容和企業內外部訊息認知的一致性，還可鍛鍊團隊同仁的5 種能力（請參閱第 66 ～ 67 頁）。

3. OKR 目標表單的使用流程是填寫完畢後，內容經上級主管核准，上傳發布到公司內部系統。OKR 團隊是利用內部系統，分享目標內容，來強化團隊當責與促進跨部門合作。這部分在 Part 3（OKR 的當責策略）有詳細說明。

OKR 的當責策略

主管如何帶領團隊轉型到 OKR ？

▌OKR 團隊運行的 4 大步驟與 4 大調整

⊙ OKR 金句

OKR 是組織績效的系統輸送帶。但再好的系統機制，仍需「事在人為」。

在歐美國家，我們經常看見前面開門的人會幫後面的人扶門，難道這些國家的人民素質天生比較高？

有一回我問德國同事：「你們以前就這麼幫後面的人扶門？」

他回答：「我們政府訂了法律，如果不這麼做，導致後面

的人受傷，前面的人必須無條件賠償。」由於法條清晰具體，一段時間後，民眾自然地養成習慣。

導致行為的改變，必須具備 3 個要點：

第一，內在動機：「我覺得這樣做是好的，所以願意改變。」

第二，能力：要有能力，才能改變行為模式。

第三，採用制度跟規範強化行為。

而這 3 要點也正是打造 OKR 當責團隊的必要條件。我們期望團隊同仁具有當責的心態，展現的行為模式從以前「主管盯著部屬」，轉變成「部屬盯著主管」來尋求主管的引導支持。這個轉變關鍵，即是「OKR 團隊運行的 4 大步驟」。

■ OKR 團隊運作 4 大步驟

▎步驟 1：訂目標

主管需要注意 3 點：

第一，授予成員一定比例的權限自訂目標

授予多少比例的權限，視企業和各部門的屬性、經營情況、以及部屬能力而定。企業在太平盛世時，整體授予的比例可以高一些；若在救亡圖存時期，這比例就相對地低，甚至暫停實施。一般而言，技術研發部門的比例較高，普遍超過 50%；業務部門的比例較低，不超過 30~40%。若是能力經驗成熟的成員，被授予比例相對高一些。

第二，明確告知團隊成員「目標邊界」

主管相較於團隊成員，掌握較多經驗和公司內外部的動態。訂目標前必須對成員說明目標的邊界，包括公司內部情況：總體戰略與目標、公司對部門的期望、以及政策的調整限制。比如：預算緊縮、人員遇缺不補等情況。同時邊界包括公司外部

的變化，目標與政府法令的相容性，國際情勢變化，社會現況的影響限制等。

第三，確定整個團隊對於目標有清楚且一致性的認知

我們思考一下，如果團隊成員與高層較少接觸，能完全理解公司戰略和目標背後的意義嗎？如果目標與部屬的個人績效無關，他會重視目標的達成嗎？因此主管必須確認團隊成員清楚：公司與部門的目標是什麼？為什麼訂這目標？目標達成與否，對公司、部門與個人造成的影響分別是什麼？讓團隊知道，我們為何而戰？為誰而戰？加深成員對目標的承諾感；同時確保每位成員的目標與行動計畫，是與公司部門目標緊密結合的。

步驟 2：勤追蹤

OKR 導入失敗的主要原因之一，是忽略了定期追蹤。我們要追蹤：**Who**（誰來做）、**What**（做什麼）、**When**（何時完成），追蹤的方式包括：OKR 團隊進度會議、一對一會議、OKR 系統以及工作週（月）報。心理學的「自我鞭策」效應提到：「假如我們的成員將進度告訴團隊的任何一個人，他的目標達成率，

比起那些不告訴其他人的同仁要來得高。」OKR 組織是採用以上追蹤方式，讓團隊知道每一位成員的工作內容與進度。

追蹤的目的是為了評估目標進度，希望問題爆發前，找出潛在的風險，同時確認在限定的時間內要完成哪些里程碑、哪些任務。 這些方式一旦循環實施，我們就知道哪些努力是有效果的，而哪些事情是可以不做的。至於是否需要追蹤細部的行動計畫，則視部屬的層級和自發程度而定。

建議在 OKR 導入的前 6 個月，這些追蹤方式的實施頻率要高一些，比如 OKR 團隊進度會議，一開始 3 天開 1 次；當團隊習慣會議模式與要求，變成 1 週 1 次；之後 1 個月 1 次。這過程是循序漸進的。

步驟 3：立規則

立規則分成 2 種，一是例行性規則，二是定錨性規則。

例行性規則包括每週、月、季度提出工作報告，同時在內部系統公布目標、更新進度和達成率。

OKR 導入初期，我們會發現有些成員沒養成習慣，不是沒按時繳交工作報告，就是忘了在系統更新進度和達成率。部分成員在進度欄位，隨意選擇燈號，認為沒人會檢核真實的情況；而有的同仁態度不坦然，在目標執行的大部分期間，勾選黃燈（代表目標進度不明），直到截止日期前 2~3 天，才突然更新為藍色（目標完成）或紅色（目標嚴重落後）。

我們觀察，其中原因除了是疏忽，確實有成員是因為抗拒而不配合。為何心生抗拒？OKR 團隊要求，不論目標進度與達成率是否符合預期，都要真實公開，這考驗團隊成員的心態。有些能坦誠面對，但有些刻意隱瞞；有些人停看聽，看風向辦事；有些人習慣吃大鍋飯，擔心要承擔沒完成目標的責任，於是拒絕被單獨公開檢視。

另外，主管可能擔心成員公開的內容訊息是否屬實？其實很容易辨識。系統訊息並不是了解事實的唯一方法，還可以透過工作報告、OKR 團隊進度會議以及一對一會議等方式交叉比對，得出最即時、最接近事實的訊息。再者，絕大部分的目標不是某個成員可以獨立完成，需要與其他同仁合作。當我們看

到其他人的訊息內容，很容易察覺是否有異。

實施例行性規則，同時是同仁工作心態和 OKR 組織制度磨合的過程。我們可以藉此觀察團隊成員的能力，以及對制度規則的配合意願。如果例行性規則未能達到預期的團隊「當責」效果，我們必須結合「定錨性規則」一起實施。

定錨性規則實施的 3 大要點：

第一，在實施 OKR 初期，公司層級目標必須包括「全員採用 OKR」。同時要求各部門的目標包括「全員 xx% 完成系統資料更新」，或「團隊遵循 OKR 制度達到 xx% 完善率」。這是將遵守 OKR 制度規則列成團隊的重要目標之一，藉此加速全員落實 OKR。

第二，各部門主管擔任監督者。主管與企業高層互動較多，大多接受過 OKR 導入的顧問諮詢，比其他成員更為清楚 OKR 的精髓與策略。主管可以透過郵件、會議等公開方式，進行「軟硬兼施」的引導。比如：讚揚完成度高的同仁，公布配合度不符預期的員工。或是對部屬目標內容有疑問時提問：「為何你

的目標這麼訂？我理解的情況不是這樣……」，藉此釐清部屬對業務的掌握度，也讓部屬體認：主管很重視 OKR，是認真的！

第三，主管公布自己的 OKR 目標進度與達成率：一個 OKR 運作成熟的企業，所有主管會公布自己的目標進度和達成率，即使是 CEO 也這麼做。大家一視同仁，沒有例外。當猶豫看風向或不配合規則的同仁看到主管都以身作則，自然會加速跟進融入、或是考慮離開團隊。

步驟 4：行賞罰

目標執行結束後，我們給予團隊相應的賞罰反饋，包括以下 3 種方式：

第一，將目標執行結果納入績效評估：若目標執行結果不與績效評估掛鉤，久而久之，沒人會當一回事，團隊當責的期望必然落空。（OKR 與績效評估的關係，請參閱第 208 ～ 211 頁）

第二，授予專案主導權：讓表現優異的成員主導專案，接觸企業更高、更廣層面的生態，加速自我發展。

第三，引入決策圈：引領具有高度潛力的部屬與高階主管進行會議，提高部屬的曝光度與視野。

至於罰則，即是評估部屬去留。在 OKR 組織的制度規則運作下，缺乏當責心態的同仁會自行求去或被迫離開。我們通常以績效改善計畫（PIP–Performance Improvement Plan）作為部屬去留的評估參考。一般情況下，在績效評估結果出爐後，我們要求「表現不如預期」的同仁制定 PIP，經主管批准後，在 3~6 個月內改善；若表現符合預期，繼續留任，否則請他另謀高就。

激勵團隊當責的4大步驟

定目標　　　　勤追蹤　　　　立規則　　　　行賞罰

■ 4 大面向打造當責團隊

為了讓 4 大步驟運行順暢，團隊必須就 4 個面向進行調整：

1 **重視內外動機**：OKR 採用「自下而上＋自上而下」的模式引導員工內在動機，貼近公司的目標。內外動機是激勵團隊當責的必要條件，而 OKR 組織是以外在動機延續員工的內在動機，加速團隊遵守 OKR 的制度規則。

2 **專注過程結果**：OKR 團隊不僅關注結果，更重視過程中同仁對於業務理解、目標規畫、紀律遵守、以及交流反饋的意願與能力，這些都是建立團隊當責的關鍵要素。

3 **給予容錯空間**：OKR 團隊的氛圍是正向有彈性的，我們容許錯誤，鼓勵嘗試、挖掘原因，並給予空間調整。

4 **提供空間舞台**：對於勇於挑戰、有能力主導局勢、表現出眾的同仁，我們給予更高更大的發展舞台。

建立 OKR 當責團隊，非一蹴可幾。現行的團隊運作模式勢必需要調整，而過程中成員的抗拒是正常現象。我們允許團隊成員有一段緩衝過渡期，這階段主管不需要擔心，不妨思考

如何借力使力來優化團隊。

　　以上 4 個步驟與 4 個面向調整運作一段時間後，團隊成員會自然地處理工作上的依存關係，開始主動與他人協商。加上組織運作的重點與資源聚焦於 OKR 的導入，我們將發現團隊當責的心態與行為逐漸形成；特別是全員於系統上更新目標進度與達成率後，這個現象將更加明顯。

OKR 組織下的
員工生存術

以農地主與合夥人自居,你是獨當一面的高
潛力人才、還是使命必達的超級執行者?

OKR 金句

OKR 提供有能力、有意願更上一層樓的同仁快速嶄露頭角的
舞台,並在績效評估中得到報償。

許多企業導入 OKR 目的之一,是辨識人才。上一章提到
的團隊運作 4 大步驟過程,是部門主管和人資部門觀察員工表
現,同時也是我們展現意願和能力的最佳機會。

對於身處 OKR 組織的員工來說,要能在組織順利地發展,

首先我們必須了解 OKR 有別於其他管理方式，對於部門和個人有 2 種不同的定位：

1. 農地主：這是替自己爭取一畝田的概念。在這一畝田上，你要種什麼？怎麼種？自己種、還是找別人一起種？怎麼收成？何時收成？你擁有較大的決定權。但也要對產出結果負責。所以你必須預想，在過程中可能遇到什麼障礙或困難？你準備以什麼解決方案來因應？

2. 合夥人：OKR 組織重視跨部門和同仁之間的合作，強調共同目標和命運共同體的概念。所以，我們視合作的一方為合夥人，關注彼此資源的付出和利益的獲取（Give-and-Take）。

此外，OKR 團隊的組成除了主管，還有 2 種類型成員：一是可以委于重任，獨當一面的**高潛力人才**；一是聽命行事，使命必達的**超級執行者**。

在常態的 OKR 組織裡，這 2 種類型成員都有生存的空間，但生存方式截然不同。我們從 OKR 導入的 2 大階段——目標制訂與目標執行，說明各階段你必須了解的生存之道。

■ 高潛力人才的組織生存術

對於**高潛力人才**，OKR 組織期望你擁有獨立思考能力，能跳脫框架、挑戰自我，快速自我成長，追尋更大舞台發揮所長。因此在目標制訂與目標執行的 2 個階段，你必須做到：

▍目標制訂階段

1. 具備部門目標負責人（Owner）心態

從「**目標制訂**」階段，你就應該爭取自己發揮的空間。你必須摒棄「佃農——為人抬轎」，轉為「農地主——目標負責人」的心態。為什麼要爭取成為目標負責人？若你是負責人，你就是農地主，就有屬於自己的一畝田，可以得到更多的資源，並在團隊和高階主管面前，得到更多展現實力的曝光機會；但你也必須對目標的達成結果，承擔絕大部分的責任。

如果你的部門下設科、股、組等層級，即使你無法獲選成為部門目標的負責人，也要努力爭取到其他不同層級的目標負責人。目標層級越高，其重要性、資源量、曝光度也相對提高。

· 要如何成為目標負責人？

1 展現「自下而上」的心態：部門目標制訂過程中，在主管說明公司戰略目標以及部門發展重點方向後，你要從部門職掌功能的角度，從主管的視野高度，思考部門應該訂什麼目標？如何與公司戰略目標產生連結？同時，你要能具體說明這個部門目標要改變什麼？為何要改變？如何改變？以及改變會帶來什麼影響？你可以參考「4 大縱深」(見第 83 ～ 87 頁)，先分析評估企業內外挑戰、市場趨勢、競爭對手動態、以及區域商業環境的變化。

2 充分準備「少就是精」的目標 PK 賽：你要準備上 PK 擂台，爭取成為部門 3 個 O 及 9 個 KR 的目標負責人之一。為了 PK 成功，你應該思考：

- 你提出的目標對公司和部門的價值是什麼？貢獻當年度的業績？還是能開拓新局、具有中長期的戰略效益？

- 若你提出的目標，之前幾個年度曾執行過，那今年持續執行的價值是什麼？不做會如何？做完之後的影響力是

什麼？如何做才能將影響力擴大？你的目標能否強化與其他部門的合作關係？能否提高部門在公司的地位與價值？

其中「影響力」的說明特別重要。若你能說服主管和團隊成員，目標完成後對公司和部門將產生關鍵性的影響，那你所提的目標極有可能成為部門目標之一，而你也將有機會成為目標的負責人。

2. 具備合夥人思考邏輯，獲得跨部門合作的承諾

絕大部分具有視野的目標，都需要跨部門合作才能完成。因此，你要確認目標執行需要什麼資源？誰具有這個資源？確認潛在合作對象後，你必須以合夥人的心態思考，對方為何要和你合作？彼此需要對方什麼？完成目標後，對方可以獲得什麼？要如何讓對方願意配合你的方向節奏，拿出資源來合作？**不要輕易請公司高層當你的說客。**成熟的 OKR 組織運作，除非攸關公司戰略層級的目標，CEO 或高階主管是極少插手安排跨部門的合作。

3. 展現令團隊信服的 **5** 大能力

業務理解力、他人同理力、差異評估力、未來預測力、整合執行力。（請參閱第 66 ～ 67 頁）

▌目標執行階段

若你已順利成為目標的負責人，恭喜你。接下來在「目標執行」階段，主管將期待你展現出「當責」與「公開透明」的心態與作為。這時，你應該怎麼做？

- **將目標進度與達成率完整定期在系統更新公布**，並坦誠面對檢核。

- **摒棄一個指令、一個動作的心態**。主管希望你思考發問，提出有價值的建議。若目標進度落後，你要主動發掘原因，提出解決方案，尋求主管和團隊的支持。

- 與團隊溝通交流時，必須聚焦於里程碑與目標達成以及問題分析與解決，**讓主管感受到你的責任感與企圖心**。同時你要學習提高溝通效率，不論是系統訊息反饋或是面對面交流，秉持「坦白、講重點」的原則執行。

以上是鍛鍊你在 OKR 團隊中出類拔萃的必經之路。過程中你必須隨時提醒自己「農地主」與「合夥人」的心態。主管期待你是能思考、會溝通、善執行，能夠獨當一面、坦然面對的人才。

■ 超級執行者的組織生存術

你或許是高潛力人才，但若你無法成為目標的負責人，那你就必須是使命必達的超級執行者。作為執行者，在 OKR 團隊中要如何生存呢？請把握以下 2 大要點：

1. 全力配合 OKR 組織制度規則

- 了解公司戰略目標的意義與影響。在部門目標制訂過程中，提出你的想法與觀察

- 清楚你執行的目標和產出的結果，對公司及部門的貢獻與影響是什麼

- 按時提交工作週（月）報

- 在系統上定期更新目標進度和達成率

- 養成上系統查看自己部門和其他部門的業務動態

2. 具有使命必達的執行力

OKR 組織的運作方式很容易辨識出你的工作心態和投入度。若你的角色是協助某個目標執行，你應該自詡為目標負責人的左右手，讓負責人及主管認同：這事交給你執行，大家都放心！所以你必須清楚：

- 部門的季（年）度目標是什麼？

- 你的工作任務對於團隊 O 或 KR 達成的影響是什麼？

- 你所貢獻的團隊目標，目前進度到哪裡？離目標完成還有多遠？如有落後，你要如何協助？

■ OKR 團隊成員須具備之 5 大當責表徵

不論你是高潛力人才、或是使命必達的執行者，以下 5 大表徵是評估自己是否融入 OKR 團隊運作，也是評估自我成長的指標：

1 基於事實：就「事實」評估，驗證訊息的可靠性。

2 挖掘問題：針對事實，挖掘關鍵問題。

3 勇於擔當：坦然面對，勇於負責的心態與作為。

4 解決困難：面對問題，尋求資源，提出解決方案。

5 主動溝通：積極參與目標制訂、執行合作、解決問題等
環節的交流反饋。

4 全觀式合作

OKR 的合作策略

跨部門合作

你該如何擁抱它？

> 從人性出發，實行跨部門合作 3 大心法，建立合夥人心態

◎ OKR 金句

OKR 組織重視人性心理，跨部門合作不僅要照顧「面子」，更要重視對方的「裡子」。

跨部門合作是 OKR 的 4 大策略中挑戰度最高的，它涉及自我利益及部門的本位主義，是最考驗人性的一環。身處動態競爭的時代，企業無不強調跨部門合作的重要性。究竟，我們應該勇敢地擁抱它、還是巧妙地避開它？

我經常在輔導企業過程中詢問學員的意見：「如果你或你的部門可以獨立達成目標，你願意與其他部門同仁合作嗎？」表示願意的學員，往往超過一半。

但有一次某位企業的總經理當著自己的部屬面前，不諱言地說：「如果我不是總經理，我寧可自己完成目標。」

「為什麼呢？」

他回答：「 第一，合作的結果會不會影響到我的績效？如果做得好，我會不會升官？能不能加薪？第二，如果與對方合作，使得我沒時間兼顧手上的工作，有人會來幫我嗎？第三，若之前沒和對方合作過，我不知道能不能合作愉快？如果大家的工作方式與思考模式不一樣，該聽誰的？這裡面有太多的不確定性了！這些複雜的問題，在談合作之前，很難有明確的答案。」

不論大家說的是場面話、還是真心話，遇到跨部門合作，都會斟酌各自的「面子」和「裡子」。

但即使不想碰觸這個議題，似乎也避不開。因為組織部門

功能的劃分，正是希望部門之間密切合作，能讓組織效益最大化。而站在員工的立場，若有選擇，你支持跨部門合作嗎？在之前我們談到制訂目標必須考慮影響力和挑戰度，一個人的資源和團隊的資源，兩者相較，哪個能夠支持高挑戰度的目標？哪個發揮的影響力較大？答案已經很明顯了，你只能擁抱它！

■ 從人性中找到合作的利基

但回到組織運作的日常，跨部門合作卻經常是個噩夢。我們希望達到 1 ＋ 1 ＞ 2 的效果，但事實往往相反。跨部門合作頻頻觸礁，是什麼原因？應該如何解決？

在 Intel 服務期間，每年在總部的事業部業務啟動會議（BU Kick-off Meeting），有個環節是派駐在各大區的代表，利用 1 小時分享該區上個年度的工作總結和新年度的工作方向。

有一年是美洲區的同事壓軸出場，這是他在 Intel 的第 3 年。他一上台打出的簡報內容只有一個英文字「TRUST」。而他老兄不管議程規定，整場只談「信任」。

他說：「我的目標需要和在座的各大區代表合作才能達成，但可能大家對『信任』的認知沒有共識，彼此的信任程度不夠，所以我們去年的合作不順利，我的目標最後沒達成。」我在台下聽了後，回想上個年度我為何沒將與他合作的項目，列為優先目標。

有人認為企業只要落實目標的「上下連結、左右對齊」和資訊的「公開透明」，就能解決跨部門合作不順暢的問題。但還差臨門一腳，亦即要關注人性的心理需求。

我問學員：「如果你是開店老闆，每一分錢都來自你口袋。在付出資源前，你會先考慮獲得什麼利益嗎？」

「當然呀，一定會考慮回收報酬！」

我繼續問：「大家是上班族，不管你是主動或被要求合作，你會考慮獲得什麼好處，再決定投入嗎？」結果發現超過 8 成的學員，不會先談好處。

我好奇追問：「為什麼自己開業當老闆和當上班族的想法不同？」答案有趣了！

「因為我們整個企業就是一個團隊，不需要那麼計較，所以不會先談好處。」

我又問：「那大家來上班，是來交朋友的、還是想獲得自己努力後應有的報償？」此時大家面面相覷，答案也就不言而喻了。

部門本位主義盛行是許多企業的痛。大家開會談合作時，往往嘴上說沒問題，但開始合作後就不是那麼回事，常常推三阻四，甚至較勁競爭。說好的「一個團隊」，這時怎麼消失了？理由很簡單：沒看到好處利益，很難有動機；即使有，也難持續下去。

那年我沒將美國同事的合作項目列入優先目標，確實是因為完成後，是他所屬的美洲區達成目標，對我所負責的區域沒有任何獲益。許多跨部門合作失敗的關鍵原因，是人性「要面子，最終更要裡子」。這人性心理無可厚非，但為何不坦率點，先談談「裡子」呢？**跨部門合作要能成功，關鍵是先讓參與成員知道完成後的好處是什麼。**

■ 打破壁壘 實行跨部門合作 3 大心法

要打破部門間的壁壘，我們必須先了解合作 3 大心法：

1. 跨部門要有共同目標，才是團隊：「你的部門目標又不是我的，我為什麼要盡心盡力達成你的目標？」若跨部門合作沒有共同目標，各部門勢必各自為政。

2. 跨部門要能「各取所需，互蒙其利」，才談合作：在合作前思考一個問題：共同目標達成後，彼此能獲得各自的好處利益嗎？很多跨部門合作是老闆主導的，但不是每個老闆都能妥善分配各部門的報償。如果不清楚目標完成後能否獲得自己想要的那一份，我們會持續地全心全力達成目標嗎？

3. 有合作動機，再談信任：信任是重要的，但跨部門合作第一個要想的不是「信任」，而是彼此能否「各取所需，互蒙其利」。我們確定共同目標和各自利益後，再來談信任，再來評估彼此過去的績效評價、思考行為模式、資源整合等問題。利益定了，才談信任。這也符合商業環境「合夥人與跟著契約走」的邏輯。

■ 釐清自我角色，是支持、還是對等合作？

了解合作 3 大心法後，跨部門合作要能順利，還需要調整自己和對方的定位和心態。

OKR 組織運作，強調農地主與合夥人的定位。我們鼓勵有能力效率的部門或個人，不論工作職掌的性質，不應只扮演等待指示、支持他人的角色，而是從職責發揮最大價值效益的角度主動訂立目標；並以目標負責人（Owner）的身分說服主管和其他部門獲取支持。即使是後勤行政部門，對於資源配置在哪些跨部門合作的目標上，也是擁有自己選擇的權利。而選擇的關鍵考量點，是目標對公司、部門、個人的影響力，而非內部的人情壓力。

絕大部分企業目前採用的是「支援配合」的思維模式。我們不難發現，規模較大或較受高層重視的一方，會不經意間對其他部門同仁顯露「你要配合我」、「以我的意見為準」等心態，而忽略跨部門合作的本質與目的。

不少跨部門合作發生嫌隙，往往是心態的問題。此時不妨

問問自己：「這目標是我自己可以獨立完成的嗎？是否需要對方支持，才能達成目標？」你需要合作的一方，一定是擁有你欠缺的資源或價值。所以，**OKR 組織的跨部門合作，強調「合夥人」的關係，所有合作部門與個人的定位與價值是平等的。**

然而受到本地文化與組織運作的影響，許多團隊個體不習慣合夥人的做法，還是以支援配合的角色自居。我建議「支援配合」與「合夥人」合併實施，因為後者可以有效減少跨部門合作的本位主義。

誰能與我同舟共濟？

找尋潛在合作對象的 4 大技法，落實跨部門目標勾兌

🎯 OKR 金句

在 OKR 運作成熟的企業，一旦目標制訂完成批准後，各部門將照表操課，是沒有多餘的資源支持與目標無關的工作任務。

當我們掌握了跨部門合作的 3 大心法後，下一步要尋找合適的合作對象，則必須清楚 4 大技法：

技法 1：分析依存關係，確認「潛在合作對象」

首先評估目標達成，需要什麼資源？我們部門或個人有這些資源嗎？若沒有，誰有這些資源？他們就是你的潛在合作對象。

技法 2：明確潛在合作對象的能力範圍

我們可能有這樣的誤解：資源是某部門長期擁有的，不會改變的。例如：去年技術部門完成 A 目標，但不代表今年技術部門依然保有相關的資源。當我們評估與技術部門進行類似去年目標的合作，必須確認對方目前擁有你需要的關鍵資源。他們目前的能力如何？能否扮演好我們期望的角色？如果沒事先釐清，等到開始執行目標後，才發現對方的能力資源不足，對於目標達成將造成很大的風險。

技法 3：了解潛在合作對象的企圖心及優先順序

OKR 組織的跨部門合作，是合夥人思維模式。因此在提出合作前，我們必須要確認對方的動態：今年對方最關注什麼？是積極地想升遷加薪？想獲得管理高層更多的關注？他是否願意接受挑戰度高的目標、還是只想安穩度日、或是已經打算跳槽異動了？若對方有高度企圖心，他的前 3 大目標是什麼？達成後可能的影響力是什麼？而你提出合作目標完成的影響力，能否超越他原本的目標？

技法 4：確認各方的最大利益點

為了說服對方合作，你需要準備一份說帖，內容應包括：

1 合作目標的背景與掌握情況

2 預估目標達成結果、需要的資源與支持、風險與挑戰

3 目標完成後，對於公司、雙方部門及個人的影響和價值

這 3 項說明清楚後，必須再次確認目標完成的影響與價值，能否達到「各取所需，互蒙其利」。可以採用 Give-and-Take（投資與報酬）的概念，談論「彼此要付出什麼？想獲得什麼？可能獲得什麼？」這個溝通是雙向的，不是任一方唱獨角戲，關鍵是對方是如何看待這項合作。這是開誠布公、務實陳述、而非相互吹捧、硬將彼此合作理想化的過程。

找尋潛在合作對象的4大技法

分析依存關係，確認「潛在合作對象」

明確合作對象的能力範圍

了解合作對象的企圖/優先順序

確認各方的最大利益點

■ 為何須制訂跨部門目標？

若與潛在對象達成合作意願，接下來進入制訂跨部門目標的階段。為什麼需要制訂跨部門目標？舉一個我的親身經歷來說明。

我在 Intel 中國區曾負責一個試點（Pilot）專案，目標是將 Intel 和合作夥伴的產品服務整合（集成）成一個解決方案後，在客戶的工廠測試成功。這專案需要技術人員的支援。當時技術人員的編制剛從我的團隊轉移到技術部門，而我私下情商一位交情不錯的技術同事來協助這個專案。

一個月後他表示沒法再幫我了，因為他被主管指派去支援一個立即有營收的項目。因為他撤回支援，造成專案的時程快開天窗了，但我卻完全找不到其他資源協助！

最後時程延誤，客戶和合作夥伴怨聲四起，我當期的目標達成率受到重大的影響。

這個案例中，關鍵失誤是什麼？專案並未列入技術部門的目標。

■ 跨部門目標勾兌——案例說明

別忘了一點，即使你執行之前提到的 4 大技法，獲得合作方的承諾，最終仍需確認對方是否將承諾白紙黑字地寫入目標。為什麼？因為若對方不列入目標，就不需要上內部系統公開，接受進度檢核，自然也與績效評估無關。在這情況下，對方有可能不重視這個目標。

因此，部門之間如何勾兌，才能讓彼此的目標對齊一致？

我曾經服務的部門，其使命是與具有市場影響力的夥伴建立戰略合作關係，提升公司獲利。部門的戰略是將合作夥伴的產品服務進行技術整合，形成完整解決方案，進行市場推廣。其中關鍵在於「技術整合」，因此，獲得技術部門的資源支持是我執行戰略的必要條件。

接下來我思考如何說服技術部門與我部門合作，於是我找對方的主管，了解他對自己部門發展最關注的是什麼？這個主管當時具有高度的企圖心，想提高部門的曝光度，讓公司高層肯定他們的價值。

後來我發現重量級的「合作夥伴」，可協助技術部門提高在內部的曝光度。於是我將 O 訂為：「建立具有市場影響力的合作夥伴關係」KR：「將 A 產品整合在前 3 大雲服務廠商任一家的雲服務平台上，並在媒體宣布雙方合作。」

我以這個目標內容當說帖，順利獲得技術主管的同意。他同意的關鍵在於提議的合作對象限於百度、阿里巴巴、騰訊、亞馬遜等具有大型影響力的合作夥伴。他認為參與這樣的目標，可快速提升部門在整個組織中的曝光度。

最終他們訂下的 O：「與具有市場影響力的合作夥伴技術對接」，KR：「成功整合 A 產品在前 3 大雲服務廠商任一家的雲服務平台上，且技術適用率達到 80%。」

這 2 個 O 的內容雖不完全一樣，但是有交集的，都是聚焦於「合作夥伴」。但我關心的不是對方的 O，而是 KR 內容中「整合 A 產品在前 3 大雲服務廠商的任 1 家平台上」。因為唯有 KR 對齊了，對方的資源才會到位。

案例：跨部門目標勾兌設定

戰略合作部門	技術部門
O：建立具有市場影響力的合作夥伴關係	O：與具市場影響力的合作夥伴技術對接
KR：將A產品整合在前3大雲服務廠商的任1家平台上，並在媒體宣布雙方合作	KR：成功整合A產品在前3大雲服務廠商的任1家平台上，且技術適用率達到80%

總結以上，我們形成跨部門合作的 3 個步驟：

1 依據你的目標，找尋公司內部的潛在合作對象。

2 了解潛在合作對象的想法、企圖、及目標優先順序。

3 找出雙方利益的共同點，溝通讓彼此的 KR 對齊一致。

請記得：只要你的目標具有影響力，能為公司高層所肯定，能為組織部門帶來重大貢獻，要獲得其他部門或個人的合作並非難事，對方甚至會主動表達合作意願。因此，跨部門合作是

一個你不需要放低姿態，可以站在平等的角度，和未來合夥人

交流合作的過程。

當你在公開透明的組織運行 OKR

| OKR 系統應具備哪些訊息和功能？
| 資訊公開透明之優缺點？

🎯 OKR 金句

缺乏公開透明的系統支持，OKR 導入只算做了一半。

之前我們談到 OKR 的 3 大精髓之一「公開透明」的做法，是團隊成員將工作目標、進度、完成結果、內外部合作夥伴、客戶訊息、過程中的挑戰與風險等資訊，定期在公司內部系統更新，並讓核心團隊或公司全員查閱。

但為何要將資訊公開於內部系統？若沒有，我們比對上下

級目標內容的連結性，以及目標執行進度檢核的過程，必須藉
助檔案、郵件和自己的筆記才能執行。當你的組織是 10~20 人
的規模，除了更新查閱資料比較耗時，似乎沒有特別不方便；
但若是上百人的團隊，假設 1 季度設定 1 次目標，那 1 年至少
有上千筆紀錄，若不使用系統，查詢和檢核過程就非常吃力了。

此外，若未將資訊登入系統公開，我們將很難即時地了解
其他部門或同仁的工作方向與目標進度。

一般具有規模的企業，如果沒有公開資訊系統，通常只有
部門主管較為清楚其他部門的動態；除非部門之間各個層級交
流頻繁，否則我們可能制訂了與其它部門類似的目標，進行了
同樣的工作；更糟的是若沒溝通，造成彼此的計畫行動互相衝
突，不但浪費資源，還損傷公司形象及內部和諧。

我在 Intel 的第一份職務是負責與外部軟體廠商的商務技術
合作。有一天與一家軟體廠商會議結束，離開時巧遇其他部門
的同事，他正要入門拜訪這家合作夥伴。

他好奇地問：「你和這家有合作？」

我說：「是呀，我來和他們談在 Computex（台北國際電腦展覽會）Demo 解決方案的事。他們要求提供最新的樣機供測試用。我正傷腦筋要怎麼弄呢！」

他噗嗤笑了出來：「Chris，這家廠商，我們合作好幾年了！有最新的樣機都會提供給他們。他們已經有了我們最新的樣機。」

之後我上了公司內部系統，看到對方部門與這家合作夥伴歷年來的活動紀錄。這案例說明企業內部資訊公開透明的重要性，也強調 OKR 團隊必須養成上系統查閱資訊的習慣。

若企業導入 OKR，卻沒有系統支持，訊息不公開透明、資訊流通不夠即時全面，將造成溝通和跨部門合作的障礙，當然也無法打造動態調整的戰鬥團隊。這樣的 OKR，只算是做了一半。

■ OKR 系統需具備哪些訊息及功能？

OKR 系統需要公開 2 部分的訊息：

第一，公司層級：

1 企業願景、使命、戰略、大事記、公司層級的目標內容。

2 部門組織架構：各部門人員姓名、職掌、聯繫方式

第二，部門層級：

1 各部門 3~5 年的專案資料，包括專案負責人姓名、工作事項、客戶窗口、相關業務及技術等訊息。至於需要展示多長期間的資料，可依照你的企業需求和行業屬性決定。

2 各部門不同層級的目標內容、進度、完成率，合作部門的窗口及負責事項、客戶及外部合作夥伴等訊息。

OKR 系統功能應具備：

1 目標動態呈現：展示公司、部門及個人層級的目標內容，以及跨部門合作內容。

2 關鍵字搜尋：可以快速有效搜尋使用者關注的內容。

3 即時更新：對於全球或區域性經營的企業，系統資訊的即時性至關重要。

4 留言版：提供核心團隊及其他部門同仁討論建議交流的園地。

5 查閱存取的權限：依照公司文化及資訊的機密分級，制定使用者權限。

■ 資訊公開透明的優點

OKR 組織要求所有同仁將目標內容上傳到內部系統，並開放核心團隊成員或是所有正職員工查閱其他部門的目標，甚至是 CEO 的（可依企業文化及行業屬性，制訂查閱人員的權限）。這樣做對組織有 2 大優點：

第一，強化目標的上下連結與左右對齊：公開透明的資訊不僅可有效檢驗你與上下級目標的關聯程度，也可驗證你的目標與整個組織的關係。例如：我的 O 和 KR 是否與主管的契合？是否連結公司的戰略和目標？是否關聯其他部門的目標？

以下圖為例：

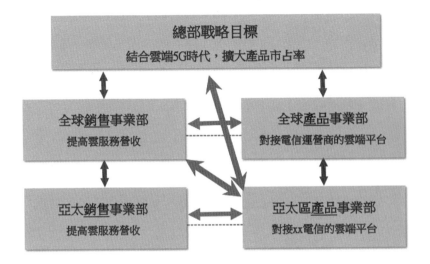

假設我是亞太區產品事業群的一員，目標是「產品對接XX 電信的雲端平台」。我可從內部系統查閱自己的目標是否連結上級（全球產品事業部）的目標，同時了解到：若完成目標，不僅幫助上級目標的完成，也支持銷售事業部提高雲端服務營收的目標，更是對總部戰略目標提出了貢獻。

因此，藉由查閱系統資訊，所有成員可以了解自己的目標與公司部門的關聯度，判斷自己的貢獻對公司和部門具有哪些意義和價值，這將有助於團隊凝聚一致性的行動和思想。

第二，避免跨部門合作因本位主義而產生猜忌矛盾。如果公開目標內容進度，我們能夠知道對方正在做什麼、怎麼做、為什麼這麼做，也即時了解對方工作方向、優先順序、進度和遇到的困難挑戰。如果雙方合作的進度結果不如預期，彼此能以客觀角度來面對，減少不必要的摩擦。

■ 資訊透明化的缺點及因應之道

資訊公開透明，對 OKR 團隊和個人會帶來任何負面效應嗎？有以下可能性：

第一，有些組織的政治較勁意味濃厚，勾心鬥角時有所聞。有人或許從系統了解你或你的部門目標後，從中作梗，讓你不好做事；但這種案例極少。若真遇到這種情況，部門主管必須對團隊強調，資訊的公開透明對企業的價值是什麼？為什麼對團隊重要？

第二，資訊公開透明考驗團隊成員的心理素質，這對部分同仁可能是負面影響，但對整體團隊的競爭力是正面的發展。

資訊公開後，在系統上能查閱到每個部門或個人目標的進度和達成率。在 OKR 導入初期，有些同仁的目標達成率不如預期，感覺面子掛不住，無法坦然面對。但 OKR 團隊公開透明的運作，讓同仁的表現與努力程度全都攤在陽光下，最終將培養出大家只問「自己是否盡力」的坦誠心態！

　　第三，我在 Intel 服務時，曾有其他部門的同事在系統上看到我當季度的目標。他提議下個季度，在不同的客戶端合作同樣的目標。我當時拒絕對方的提議，因為我已經安排下季度進行其他的目標。但對方不死心，透過主管和其他關係遊說。

　　因此，我曾想：「如果目標不在系統上公開，我就能按自己的節奏計畫做事。」不過若換個角度思考：對於職涯發展，維持良好的人際關係也至關重要；和對方合作，或許讓更多人看到我的專業和能力，未來能帶來更多的機會。這問題見仁見智，就看你如何評估職場的「機會」和「風險」了！

5 擴展式反饋

OKR 的反饋策略

主管與部屬對話反饋之重要性

以頻繁的 OKR「過程反饋」提升團隊績效

⊙ OKR 金句

缺乏績效評估配套的 OKR，效果將如曇花一現，無以為繼。

OKR 是激勵團隊績效提升的催化劑，在激勵團隊過程中需要潤滑劑；而主管部屬之間的對話反饋，就是潤滑劑。

■ 反饋的重要性

知名市場調查機構蓋勒普（Gallup）曾經針對主管部屬的反饋進行問卷調查，有以下幾點重要發現。

- 主管如果很少或幾乎沒有給予部屬反饋，那麼他與 98% 的部屬是沒有交集的。

- 很少或甚至沒收到主管反饋的部屬，40% 有積極離職的念頭。

- 提供反饋時，專注於部屬優勢的主管，所得到的部屬信任度，比沒有提供反饋的主管高出 30 倍。

- 大部分主管提供反饋時，都專注於部屬的缺點。

以上調查結果說明：**部屬是需要反饋的。你對部屬反饋的頻率與內容，和部屬對你產生的信任息息相關。**你多久反饋一次給部屬？是怎麼進行的？部屬認為有效果嗎？

OKR 組織是基於「自下而上、少就是精、公開透明」的 3 大精髓運作的，因此團隊實施的反饋機制、內容和做法，與其他管理方式大不相同。

■ 反饋的效益

OKR 組織是以團隊進度會議、一對一會議、郵件、週（月）

報以及公開系統訊息等方式，讓部屬獲得頻繁的反饋。而這些反饋，對於團隊的績效提升和績效評估，將產生什麼影響？

第一，讓部屬在短時間得到主管及同仁的意見跟建議，即時了解自我的表現。

第二，讓團隊績效評估更加完整全面。OKR 組織實施的每一種反饋方式都有書面紀錄，而這些紀錄是績效評估時的重要參考佐證資料。

在主管部屬的績效面談中，最理想的場景莫過於部屬收到「符合自己的預期」的考核結果。在 Intel 服務期間，每年 4 月份舉行績效面談。除了新進或即將異動的成員，我和每個人的面談通常不會超過 15 分鐘。甚至有些部屬要求：不需安排面談，用郵件將考核報告發給他們就好。因為在過去的工作過程中，他們已經從各種反饋訊息，預測了大致的考核結果。

這些反饋訊息來自於 OKR 團隊的日常運作。例如：制訂部門目標時，成員是否提出建設性的想法？審核目標品質時，是如何說明目標完成的影響力？在 OKR 組織運作的過程中，團

隊所有成員可清楚地觀察到每個人意願和能力上的差異，也了
解自己是否符合主管的期待。

　　而在目標執行過程中，團隊持續以會議、郵件、工作報告、
系統訊息等方法，進行主管部屬之間的對話反饋，讓部屬知道
自己工作表現的定位和價值，以及主管和同仁對自己的期待和
看法。這些都是對員工績效的持續管理。 因此，對於一個 OKR
運作成熟的團隊，同仁不需要等到年終，通常已預期到自己的
績效考核結果！

OKR 團隊的溝通反饋，你主動？還是等老闆？

OKR 團隊進度會議要怎麼開？首重「聚焦」

◎ OKR 金句

誰是目標負責人，就由誰負責發起 OKR 團隊的溝通反饋。

OKR 組織的溝通反饋和一般管理模式的最大差異，來自於「目標負責人」的改變。過去主管幾乎是每一個目標的負責人，主導絕大部分的對話溝通；而 OKR 組織的部門目標，一般情況下，是由部屬擔任大部分 O 或 KR 的負責人。因此，必須由部屬主動負責相關的溝通反饋。

若主管繼續主導溝通對話，對於 OKR 組織有什麼壞處嗎？

許多主管在導入 OKR 初期，帶領團隊「自下而上」制訂目標，奠立不錯的基礎；但在反饋溝通過程中，特別是目標進度的檢核討論，還是按照過去「自上而下」的方式強力主導。這樣做，將摧毀之前努力培養的 OKR 團隊基礎。主管必須學習將自己的角色從「主導」轉換成「引導」，協助部屬和團隊達成目標。請注意，在此僅指與 OKR 目標相關的溝通反饋。

許多主管一開始不適應，擔心部屬不會追蹤進度、主動溝通。但 OKR 的成功案例驗證了一件事：只要開啟了員工的內在動機，加上以績效評估作為配套措施，身為目標負責人的部屬們，會自動自發進行和目標相關的交流反饋。主管不必擔心，也不需像過去花大量時間監督部屬。

■ OKR 團隊進度會議怎麼開？

OKR 團隊進度會議是重要的溝通交流活動。會議的進行重視「聚焦」，以下我們從「議題聚焦、人員聚焦、行動聚焦」3個面向來說明。

▌議題聚焦

會議的目的是確保目標達成，議題聚焦在於追蹤進度，也就是追蹤「里程碑」是否達成。會議進行的 4 大主軸包括：確認落後指標、找出落後原因、提出解決方案、分配任務行動。我們首先找出哪些 KR 是落後指標，針對這些里程碑為何落後、如何解決，進行討論。

實施要點：

1. 會議只討論目標進度現況、落差分析、以及對應的解決方案和行動計畫，不談論其他團隊例行維運事務。

2. 目標負責人不需要逐條說明各個 O 和 KR 的背景和進度，直接討論進度落後或有疑義的部分。

3. OKR 目標的思考核心是「每個里程碑達成了，目標最終也就達成了！」因此會議是追蹤目標的「里程碑」是否達到，而不是追蹤目標的「結果」是否達成；OKR 團隊進度會議是過程思維，而不是結果思維。

4. 是否追蹤目標相關的行動計畫，視目標的層級而定；若

是部門目標，一般不需要。但若進度嚴重落後，或是相關成員的心態行為有異、造成進度落後，我們可以檢核任務清單的實施情況。

人員聚焦

若部門 O 的負責人是主管，KR 負責人是部屬，會議主席由主管擔任，但會議真正主角是每個 KR 的負責人——部屬。

實施要點：

1. 主席（主管）與目標負責人（部屬）的發言時間以 3：7 的比例最合適。OKR 導入初期，若主管不適應，可先朝 5：5 的比例努力。

2. 參與目標執行的其他部門同仁，應一併出席。為什麼？因為他們是合夥人，也是目標負責人之一，必須共同面對目標進度檢核，一起尋求主管和其他同仁的支持。

3. 參會者必須是與議題有關的核心團隊成員。若參會者和部分議題無關，可分段出席。

▌行動聚焦

會議重視事前的充分準備，節奏明快清晰，時間不超過 90 分鐘為宜，最好掌握在 60 分鐘內結束。

實施要點：

1. 會議召開 24 小時前，召集人及目標負責人必須發出會議目的、議程及議題的相關資料，所有參會者必須在會議前閱讀資料。這是 OKR 團隊的紀律，主管必須監督執行。

2. 參會者清楚會議目的、議程、及自己角色的扮演：參會者做好在會議中提問和解答的準備，而非作壁上觀，或以「我們回去研究，盡快給大家答覆」來回應。

3. 事先與議題關鍵人（利益關係者）溝通：目標負責人若希望提案意見能在會議中通過，最好事先獲得關鍵人的支持，避免在會議中遭到阻力。

目標負責人在會議中不僅陳述事實，更重要的是能針對落後指標，提出解決方案，並決定相關的後續行動計畫。誰負責什麼？什麼時候完成？是會議結束前必須總結確認的內容，也

是會議紀錄的重點。下次會議將追蹤行動計畫是否如期完成。

OKR 團隊進度會議要具有成效，首要之務是強化團隊對於「傳遞的訊息要具體，決議的行動要確認」的認知。另外，在會議上「講重點」，也是我們必須加強練習的功課。

下頁是 OKR 團隊進度會議的評量表。大家可於會議召開前後，進行準備並評量達成的狀況。會議主席可邀請其他部門同仁協助觀察會議的進行，給予建議和意見。

項目	內容說明	達成指數（0-10）	觀察 / 意見建議
主管職責角色	宣達企業內外動態 / 最新高層結論		
	扮演協調支援角色（Facilitator）		
	授權 / 少做指示決策		
	專注聆聽並了解部屬報告內容		
	具體回應問題		
OKR 目標負責人職責角色	簡捷說明目標背景		
	進度說明：Highlight & Lowlight		
	說明目前達成率		
	說明風險 / 變數 / 資源支持要求等事項		
	說明品質：依據事實 -SMART 模式		
	下階段行動計劃與目標有密切關聯度		
準備	24 小時前提供會議目的 / 議程 / 資料		
	參會者清楚會議目的 / 議程 / 角色扮演		
	就敏感合作議題，與關鍵人事先溝通		
	會議關鍵人物均出席		
	參會者會前閱讀資料 / 準備問題與評論		
	會議室安排 (分心 / 空間 / 議程展示)		
	簡報用之軟硬體設備 (投影機、白板、麥克風、電腦、應用程式等)		
過程	主持人簡捷開場		
	參會者的交流方式 (理性 / 坦率)		
	臨時動議時間安排		
	出席者專注參與 (排除外在干擾)		
收尾	會議總結		
	具體追蹤事項 (負責人 / 行動 / 日期)		
其他	會議時間控制在 60-90 分鐘內		
	會議紀錄 24 小時內寄發 (指定專人辦理)		
總結	參會者互動投入		
	會議進行具有架構組織性		
	會議品質：誠實、授權、確認		

OKR 領導反饋法

主管／部屬如何進行一對一會議？主管有效引導的 4 大步驟

◎ OKR 金句

OKR 團隊的一對一會議是由部屬召開的。

剛到 Intel 服務時，公司安排一位 Mentor（導師）給我。他強調一對一會議在 Intel 的重要性，並反覆提醒：「記得安排和主管一對一」。而我之前的工作經歷都是老闆找我，當時要我主動找老闆，也不知道要談什麼。

於是我用一個月的時間試驗：如果我不主動，看主管會不會來找我？那一個月，主管除了群發郵件、分享組織和市場動態、出席團隊例會，和我沒有任何互動！後來我明白，主管為什麼放心不來找我，即使當時我是新人。

主管的信心來自於，在 OKR 組織 3 大精髓「自下而上、少就是精、公開透明」運行下，團隊成員自然地培養出當責的態度和行為。這樣的運作機制讓部屬對目標聚焦、有承諾感，讓主管能以定期進度會議、工作報告和公開系統等方式，掌握團隊即時且真實的工作情況。除非個別成員有心態調適的問題，主管需要主動關切，否則絕大部分的部屬遇到困難時，會主動尋求主管的協助。

因此，OKR 團隊的一對一會議是由部屬召開的。而主管的責任是維持暢通的溝通交流機制，鼓勵部屬主動對話，讓一對一會議成為團隊日常運作的一部分。

一對一會議是讓部屬與主管有近距離交流「心裡話」的機會。Intel 前總裁 Andy Grove 曾說：「主管只要花 90 分鐘與部屬會面，將可提升部屬未來 2 週的工作品質。」而透過我的經驗發現，2 週是平均值，有時效力長達 1 個月，但有時只有 7 天。這差異取決於主管和部屬之間的互動、部屬的能力、以及工作內容的緊急重要性等因素。

一對一會議的目的，是教學相長和交換資訊。主管將經驗和知識傳授給部屬，部屬將市場和目標執行的第一手訊息帶給主管。而雙方對於一對一會議，應該分別有什麼樣的心態和準備？

■ 部屬須具備之心法與技法

部屬必須作好以下準備：

1. 思考如何配合主管達成目標？

企業內外環境的瞬息萬變，公司和部門的目標以及執行計畫，是否調整了？你不妨主動詢問主管，是否有這樣的情況？而你該如何配合？

2. 你希望主管如何協助你的目標達成？

•若你的目標進度因為市場突發的不可抗力事件，或因為目標制訂時過於樂觀，目前進度不如預期，可利用這會議尋求主管的建議。但請主管指導支持之前，對於阻礙達成目標和里程碑的原因、有哪些解決方案、需要什麼資源等議題，你要先

有想法，同時要收集佐證資料，和主管討論時才能產出有效的解決方案。

請注意：一對一會議不是要你對主管「報告進度」，因為主管從團隊例行追蹤的機制，已經知道進度了！你應該帶著問題想法和主管交換意見。若你沒有想法，而主管又不熟悉你的目標領域，這個會議是無效的。

• 提供有價值的訊息給主管。很多人認為自己接收到的市場訊息，對主管不一定有價值。不同區域、位階或職務功能的人，對同一訊息的解讀不同，所產生的價值也不一樣。我曾經在會議中，將合作夥伴在亞太區和中國區的市場動態告知在美國的主管，他從美國總部的角度提出他的分析和看法。像這樣彼此的訊息反饋，對團隊或個人目標的達成是有助益的。

■ 主管該如何看待一對一會議？

主管在一對一會議的角色是：引導與協助。「部屬需要我什麼協助？我該如何協助他？」你必須引導部屬在會議中暢所欲言，對目標績效和團隊運作的情況、遭遇的挫折挑戰、以及

對工作前景的規畫或疑慮等議題，說出心裡話。為了達到會議效果，你必須與部屬先確認議題，做好相關準備，提供有效的建議和指導。

在一對一會議中，主管應抱持的心態是：「部屬不需要凡事向我報告」。OKR 團隊若做到「自下而上」和「少就是精」，部屬的積極度和自律性自然會提高，你可以利用已有的追蹤機制掌握團隊工作情況。若有部屬習慣巨細靡遺地說明工作進度，你也必須適時提醒糾正，請他們直接說重點。

一對一會議該如何準備？如何進行？如何總結？你可以參照右頁的評量表。請注意：OKR 團隊的一對一會議發起人是部屬，主管的職責角色是了解情況、提供協助建議。

項目	內容說明	達成指數（0-10）	觀察 / 意見建議
主管職責角色	專注聆聽部屬報告		
	具體回應問題		
	會前閱讀資料 / 準備問題與評論		
	引導協調支援角色（Facilitator）		
	探究客觀事實，避免主觀認知		
	了解目標進度 / 協助部屬達標的提問		
	引導選擇評估，授權部屬 / 不做指示		
	確認部屬主客觀優勢		
	協助下階段行動計劃		
部屬職責角色	簡要說明目標背景		
	進度說明：Highlight & Lowlight		
	說明目前 / 預估達成率；風險與變數		
	提出資源 / 支持要求		
	下階段行動計劃與目標的關聯度		
	提出對主管有價值的市場信息與反饋		
	24 小時前提供議程 / 資料		
	說明品質：依據事實 -SMART 模式		
	會議總結（包括具體追蹤事項）		
	下次會議時間安排		
	會議室安排 (分心 / 空間等)		
	簡報用之軟硬體設備 (投影機、白板、麥克風、電腦、應用程式等)		
過程	部屬簡捷開場、切入主題		
	主題：目標進度 / 落後指標 / 未來規劃		
	參會者對話方式：理性 / 坦率		
	雙方均作筆記		
	會議時間控制在 60 分鐘內；專注參與 (排除外在干擾)		
	會議紀錄 24 小時內寄發 (部屬寄出)		
總結	會議進行具有架構組織性		
	部屬坦誠：滿意度 / 挫折阻礙 / 對未來的懷疑		
	會議品質：誠實、授權、確認		

■ 主管如何進行有效引導與反饋？

典型的一對一會議方式是簡單寒暄後，直接進入主題。若部屬不熟悉一對一會議的運作和氛圍，你可以提出以下問題引導：

1 你目標進行得如何？

2 哪些進行得順利？

3 哪些進度落後？遇到了什麼樣的挑戰與困難？

4 你需要我怎麼幫忙你？

在進行會議前，建議參考主管引導對話的 SOP。為什麼需要 SOP？試想，如果你對部屬的工作表現不滿意，或她（他）最近有負面消息，你是否會不自覺地將這些負面情緒投射在對話過程中？SOP 是讓我們在會議中保持對人與事的客觀角度，以維持對談的品質。

接下來我以自身案例說明 SOP 步驟：

第一步，探求核心事實

在 Intel 服務期間我曾負責物聯網的項目，那時訂的目標：「與雲服務廠商締結戰略合作關係」，選定的合作對象是亞馬遜網路服務（Amazon Web Services-AWS）。

在會議中，我的美國主管說：「Chris，我看了最近的市場報告，中國區最大的雲服務廠商是阿里雲（Ali Cloud），是嗎？你能不能說明為什麼選擇 AWS？」

我回答：「沒錯，阿里雲在中國的企業雲服務市場的市占率是第一。但我們剛進入物聯網市場，市場影響力不夠，若和阿里雲合作，我們將被要求拿出比預期更多的資源投入，這是我們還沒準備好的。而 AWS 是現在全球市占率最高的，但它才剛進入亞洲市場，從戰略角度來看，雙方的起點比較相近，進程與期望比較一致。所以，我認為 AWS 應該是我們目前首選的合作夥伴。」

第一步驟，主管以提出「關鍵問題」和「探求事實」的方式，

引導我說出市場現況，了解我的思考邏輯，而不是一開始就質疑我的選擇。這步驟主管要做的是：**提問與傾聽**。而提問的內容依據，不是猜測，而是市場事實。

第二步，引導關鍵選擇

與 AWS 合作進行了 6 個月，當初的目標順利達成。那時我思考是否深化與 AWS 的合作關係。隨後與主管的會議中，我說明下階段在中國市場的生態經營計畫，而主管也分享總部最新的物聯網戰略，以及全球其他區域的發展情況。

主管說：「我們的方向戰略很清楚。你可以選擇繼續與 AWS 深化合作，也可以選擇與其他廠商建立合作關係，甚至有其他的想法也可以提出討論，決定權在你。」會議結束前，他提醒我將這個議題排入下次會議。

這個步驟，主管職責是「**引導關鍵的選擇**」，作為部屬思考下一階段目標方向的重要依據。

第三步，確認部屬優勢

2 週後我告知主管，我傾向先以「多點開花」的模式建立生態。在 AWS 之後開展與阿里雲、華為雲的合作關係，雖然目標的挑戰度很高。

這時他問道：「距離年底只有 6 個月的時間，你有信心達成目標嗎？」

我回答：「不容易，但我努力試試。」

隨後他說了一句：「這 2 年我對你的觀察，特別是去年我們做的軟體聯盟的項目，你是有能力在相對短的時間，建立新的合作夥伴關係。」

他接著提醒我：「物聯網市場更新迭代的速度很快，你要密切關注政府政策及市場發展的變化。」

這個步驟提醒我們：**對部屬提出評價時，要說出這個評價背後立基的事實**。分析部屬的優勢，不能單單從過去的表現，要放眼未來，結合企業內外環境的變化一併考量。最後要確認，部屬對自身優勢和目標掌握的評估，看法是否與我們一致。

第四步，制定計畫方向

主管和我對下階段的方向達成共識後，他請我提出業務計畫（Business Plan）。他在總部先與相關部門討論，取得反饋後，在下次會議一起討論定案後，我再制訂相關目標。

主管引導反饋的SOP

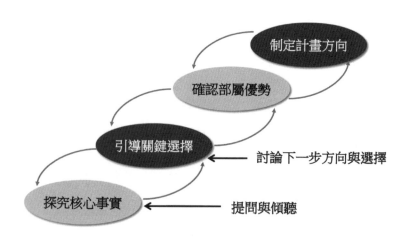

主管經由引導反饋，明確告訴部屬：部屬哪些行為思路值得鼓勵、以及哪些優勢特質獲得認可。所以採用 SOP 的目的，除了避免將個人主觀情緒帶入會議，更能協助部屬自我成長。

OKR 團隊重視的是「擴展式的反饋」，是在「自下而上」

與「自上而下」的對話模式中,擴展目標制訂和執行的深度與廣度。主管要學習引導的技巧,在不同的情境下,採用合適的方式反饋部屬。而部屬必須不斷提升對業務和市場的了解,在溝通對話中,提出見解、疑問和需求。

若主管和部屬問答的質和量都提升時,我們可以確認這個團隊正走在正確成熟的 OKR 發展道路上。因為 OKR 團隊深知:對話反饋的品質反映出團隊的素質,而對話反饋的效率決定了企業的盛衰!

6 以終為始的最後一哩路

推動 OKR 落地

導入 OKR 常見 9 大問

擺脫迷思、策略性導入 OKR

⊙ OKR 金句

OKR 導入須依照企業體質與需求進行客製化，不是徒有理論和表格就可收到效果。

1. OKR 是取代 KPI 及其他管理方式的一套機制嗎？

OKR 與 KPI 的差別到底在哪裡？兩者的出發點都是達成目標、提升績效，但再細究：

我們認知「傳統概念」的 KPI，給了團隊和員工指標，但並不重視目標的價值影響，和達成的方法步驟。若企業將 KPI 作為升遷加薪的主要指標，將導致員工只關心「老闆要我做什

麼？我是如何被考核的？」，而忽略了「為什麼要制訂這個目標？達成指標的意義價值是什麼？」

反觀 OKR，它是以企業戰略為藍圖，將執行戰術與里程碑的概念融入目標（Objective）以及關鍵結果（Key Result）。另外，OKR 強調內在動機，以績效評估為配套，在 OKR 的制度規則運作下，強化團隊自我驅動和自我管理。所以 OKR 重視的不僅是結果，更關注過程中人與事的發展。

有家應用材料的企業人資長問我：「我們公司的組織管理策略和執行方式，和你說的 OKR 很相似。但我們用的是 KPI，有必要再導入 OKR 嗎？」我回答他：「你們實務上已經是 OKR 的管理模式，不需要再特別導入了！」

過去我們以為實施 KPI 的企業，都只給團隊指標，不說明指標達成的影響與價值，忽略指標的執行方法與過程，也不重視人才培養。這些印象其實不完全正確，事實上有愈來愈多的 KPI 企業，已經採用 OKR 的精髓和策略。所以 **OKR 與 KPI 是可以融合並行的**。套一句 CPU 的用語，只要用對了內核，叫 OKR 還是 KPI，其實沒那麼重要！

2. OKR 目標的達成結果，不能與績效評估掛鉤？

市面上各種書籍和網路文章，幾乎一面倒地主張 OKR 不能與績效評估掛鉤。若掛鉤了，部屬不會制訂高挑戰度的目標，因為目標達不成，考績將受影響。不過據我了解導入 OKR 具有成效的本土企業，以及我在 Intel 的經歷，OKR 團隊的運營，都和績效掛鉤。

不妨思考一下，我們用 OKR 的思維制訂最重要、具有影響力的目標，也用 OKR 的機制來執行目標。如果產出的結果不與績效掛鉤，我們是否有別的方式驅動同仁的動力？大家還會將 OKR 當一回事嗎？又如果不用 OKR 當績效評估的基礎，我們還有其他更具代表性的評估基礎嗎？

OKR 是讓有能力、有意願、有心更上一層樓的同仁，展現更高的企圖心，並經由年度績效評估得到報償。OKR 強調員工內在動機的展現，但以我們本土企業與社會氛圍來看，若沒有績效評估的外在動機支持，同仁的內在動機是無法持續的，這是人性心理。

我在 Intel 的部門，是將目標結果與績效及獎金掛鉤在一起。每個季度末員工提出目標達成的證明文件，作為績效評估的依據。Intel 評估員工表現的維度，包括：目標達成結果、價值貢獻度，以及個人優勢潛力等因素。

若員工完成的是上級交付的承諾型目標，即使 100% 達成，一般情況下績效評等是及格（Satisfaction）。及格代表什麼？若沒有組織重整，這個員工明年還能待下去；但想升遷，是沒機會。若想升遷，員工必須提出參與挑戰型目標，而目標的達成結果是對企業和部門具有中長期價值和影響力的。

3. 導入 OKR，現有的績效評估制度需要調整嗎？

導入 OKR 並不需要改變現有的績效評估制度，但可以考慮調整部分實施辦法，鼓勵團隊重視目標的「影響力」和「挑戰度」。

有一家科技企業是這麼做的：他們將目標的權重（影響力）和挑戰度，連動到個人的績效與獎金。（權重與挑戰度定義，請參閱第 120 〜 121 頁）。假設同仁 A 這季度有 3 個 KR，加

總權重是 100%，他和主管同意所有 KR 的挑戰度為 3，對應的獎金乘數是 100%，完成所有 KR 的全額獎金是 10,000 元。若所有 KR 的完成率都是 100%，他可以領到全額獎金 10,000 元；若他的 KR1 權重為 40%，達成率 60%，他從 KR1 得到的獎金則是 10,000（總獎金）× 40%（權重）× 60%（達成率）× 100%（獎金乘數）＝ 2,400 元。

這家企業的 CEO 相信，高挑戰度目標的達成率雖然比較低，但相較於低挑戰度的目標，員工所展現的能力和貢獻是高一個層級的。所以為了提高團隊的挑戰意願，他依挑戰度的升級，提高獎金乘數，但要求達成率至少在 50% 以上。

接續之前的例子，若同仁 A 的 KR1 挑戰度從 3 提升到 4，他的獎金乘數將從 100% 調高到 150%。但因為目標挑戰度比之前高，達成率降到 50%。最後他完成 KR1 所獲得的獎金是 10,000（總獎金）× 40%（權重）× 50%（達成率）× 150%（獎金乘數）＝ 3,000 元。這相較於挑戰度低的目標，他可以領到更高的獎金。

目標與績效、獎金連動的實施辦法，應考慮企業體質與組織氛圍，也必須隨著企業內外的動態變化而調整。

4. OKR 必須全員實施嗎？所有人都要制訂 OKR 目標嗎？

我們說「導入 OKR」，不單指以 OKR 的思考方式制訂目標，更是指以 OKR「1 核心＋ 2 方針＋ 3 精髓＋ 4 策略＋ 5 能力」的方法論來運營組織。但我們在組織裡實施 OKR 的對象與力度，則因部門功能屬性和同仁職責能力不同，而有所差異。

例如：「制訂視野目標」這個策略，我們的目標負責人，他的職務和能力是必須能夠對目標的執行和結果負責的。若不能負責，他就不能是目標負責人，也就不需要制訂 OKR 目標。所以在生產線上的同仁，若是他們只負責執行，需要制訂目標嗎？不需要的。

而許多部門的功能屬性，所屬的每位同仁都適合制訂目標。但我們發現有些同仁執行力非常強，然而在制訂目標上都是參考上級的內容，稍微修改後完成，並沒有突破創新的想法。最終確認他們是聽命行事的風格，不具備部門要求的思考能力，訂不出具有視野的目標。

我在 Intel 的團隊裡大概有 30 ～ 50% 的成員也是這情況，但他們有的服務了 10 多年。OKR 組織是如何看待這類員工？執行力很重要。同仁若只有執行力，在 OKR 組織裡當然可以留用，但不適合擔任管理職位。

實施 OKR 可以培養具有創新思考能力的員工，並鍛鍊他們的執行力。**我們期待 OKR 團隊所有成員，有意願和能力寫出品質好的目標。但若不成，部門與所有成員依然是在 OKR 的機制下運作的。**

5. 我的企業是奉行傳統管理的那一套，員工素質不高，沒有當責心態，適合導入 OKR 嗎？

以下是我和一個 CEO 的對話內容：

CEO：「我聽你提到導入 OKR 能加強團隊當責的心態和行為，我覺得我們很難達到。」

我：「怎麼說？」

CEO：「那是外商公司員工素質比較高才做得到。我們本地的差一截，沒法做。」

我：「OKR 是在過程中激發員工內在動機，發揮自驅自律的當責精神。你覺得你的員工沒有內在動機？沒有自驅自律的可能性？」

　　CEO：「倒也不是，但就是沒有你們外商公司的水準！」

　　我：「你真的覺得我進外商之前，做事心態比你的團隊好？你以為我進 Intel 之前會自己設目標，願意主動解決問題？那是環境造成的，是 OKR 的組織管理方式提高員工素質的。」

　　CEO：「但我大部分的主管都是執行導向，對市場沒有開拓性的思維，也沒有太多想法。你認為我公司適合用 OKR 嗎？」

　　我：「人力素質高低是一回事，OKR 沒規定素質高的企業才可以用！OKR 是協助你優化組織，提升團隊素質和效率的。」

　　許多考慮導入 OKR 的企業，擔心員工素質不高，沒有當責心態，打了退堂鼓。是先有當責團隊，才能導入 OKR、還是藉著 OKR 導入，建立當責團隊？OKR 是組織戰略，企業實施 OKR 上軌道後，團隊自然展現當責的行為和態度。

我曾經輔導一家外商藥廠，制度氛圍和 OKR 類似，導入 3 個月後，明顯感受到成效；而另一家超過 30 年歷史的製造廠商，則是在導入 6~9 個月後才感受同仁思考能力的提升。企業制度與員工素質，確實影響組織優化的速度，但他們不是導入 OKR 的必要條件。OKR 導入成功的關鍵，在於主事者的決心與認知，和企業規模、資源、人員素質的關係微乎其微。

6. OKR 目標實施過程中，可以修改和刪除目標嗎？

目標執行過程中，若發現進度落後，能不能修改或刪除目標？這要看是什麼原因造成？

・不可控制的外部因素

2019 年華為對 Intel 中國區的採購金額，受到中美貿易戰的影響大量下滑。這不是 Intel 產品質量的問題，也不是華為不願意採購，而是美國政府不允許 Intel 賣產品給華為。若遇到這種不可控制因素，目標改、還是不改？客戶的訂單延遲，等、還是不等？我們的資源要不要繼續投入？

而另一個美國政府抵制聯想集團（Lenovo）的案例，當時

嚴重影響 Intel 的業績。業務團隊評估後並未修改目標。雖然最後目標沒達成，但完成其中一項 KR：Lenovo 同意成為 Intel 某型號產品的合作夥伴。 這個 KR 的達成，提供 Intel 至少 3 年正面的市場和業務效應。

遇到外部不可控制因素，我們必須從對客戶和市場的中長期戰略角度，評估是否需要修改或刪除原本的目標。

・公司戰略和市場客戶的改變

若是公司已經決定某產品今後停售，售後服務也將停止，這時候不論你已經花了多少資源、累積多麼深厚的客戶或合作夥伴關係，都必須刪除相關目標，趕緊以另一個目標替代。徒留一個明知達不成的目標，不僅造成資源浪費，也讓個人和部門的形象受損。

另個例子是，如果客戶突然下了大訂單，但交貨日期很緊，我們必須立即投入大量資源。若同意，勢必擠壓我們現有目標的執行資源，這時候目標改、還是不改？ 若新目標具有中長期效益，建議是可以替換目標的。

‧ 目標挑戰度太高或評估分析不到位

　　若是因為目標挑戰度太高或評估分析不到位，而造成目標無法達成，建議還是不要更改目標。為什麼？親身經歷完整的目標制訂和執行過程，你才能全面客觀地分析，為何當初的預估和現在的進度有差異？過程中是否盡了全力？又做了哪些努力？哪些努力是值得、有收穫的？哪些是白做的？這些經驗以後如何應用？

　　你必須走完這個過程，才知道哪些是過去忽略、今後要注意的角度；哪些風險是下一次擬定新目標要避開的。請記得，當你發現與預期進度有落差時，要儘快通知核心團隊成員，讓對方能有所因應，也替自己留下好的名聲。

　　不論是以上哪種原因造成目標進度受阻，建議你先思考以下 2 點，再決定是否修改目標：

　　1 你當時制訂目標所依據的戰略，還應時對景嗎？ 你的救援方案（Plan B）此時能派上用場嗎？

　　2 若是因為當時目標的挑戰度太高，造成現在達不到目

標，你的企業或部門容錯的空間有多少？你或你的核心團隊成員可以承受的風險有多大？

7. OKR 方法論：1 核心＋ 2 方針＋ 3 精髓＋ 4 策略＋ 5 能力 需要全部導入嗎？導入的順序是什麼？

有些企業表示，OKR 方法論「1 核心＋ 2 方針＋ 3 精髓＋ 4 策略＋ 5 能力」的組織工程不小，需要全部或同一時間導入嗎？這個要看企業的體質，也取決企業想改善的痛點是什麼。

比如：若是上下級目標和企業戰略不契合，或是目標缺乏價值思維的問題，我們可以採用 3 精髓中的「自下而上、少就是精」，搭配 4 策略的「設定視野目標」，增加團隊的價值思考能力，讓企業和部門目標變得清晰。

有些企業則表示，他們願意先導入 3 大精髓的「自下而上、少就是精」、而沒有同時導入「公開透明」的原因，是因為體質還不合適。又如 1 核心——「人才辨識」，企業在導入過程中，對於主管同仁的能力意願進行辨識了解，但隨後並沒有採取 2 方針——「向上提升、適才適所」的措施，這或許是主管面臨經營壓力下、不得不做出的妥協。

執行 OKR 方法論的每一部分，管理層都能感受到團隊改變的效果，但也會迎來改變的陣痛。OKR 導入可以像看中醫一樣，循序漸進，不會傷筋動骨！若想進展得快一點，可以像看西醫一樣，打針吃藥；或更急一點的，可以動手術，打掉重來。導入的方式節奏，完全可依照企業體質與追求目標的速度不同而調整。

除非是新創企業或新設的部門，或是你想大刀闊斧進行轉型，否則不建議全部同時實施。你應該先清楚為什麼要改變、想改變什麼、以及要改變成什麼結果等議題，再結合本書描述的每個精髓與策略的實施條件與效果，與你的團隊現況和組織發展方向進行核對評估，之後再決定如何導入。

方法論的導入順序，建議從 3 大精髓的「自下而上、少就是精」，結合 4 大策略的「制訂視野目標」為開端。

確認痛點-對應精髓策略，分批次/人員/階段實施

選項	痛點	應用精髓	執行策略	收穫
1	上下級目標與戰略不契合 目標為任務導向 沒有價值思維	自下而上 少就是精	設定視野目標	目標清晰 團隊有共同語言 養成價值思考習慣
2	部門各為其主 資源無法整合	公開透明	聯結部門合作	合作部門結合為 命運共同體
3	訊息不透明 溝通成本大 苟且循私		建立當責環境 強化反饋機制	團隊心態轉為坦誠開放

8. 為什麼 OKR 實施一段時間後，感覺又做回了 KPI ？

OKR 導入，需要靈魂與軀殼並重。我看到有些企業在內部溝通交流，常將 OKR 掛在嘴邊。但目標的內容品質，和團隊運作的方式，和導入之前沒有兩樣。這是導入失敗的寫照，只剩 OKR 的軀殼，而靈魂回到了 KPI。對 OKR 的認知和做法不正確，以及主管的心態行為沒調適到位，是常見的失敗原因：

1. 上下級目標的關聯，以「拆解」O 或 KR 的方式承接，而未用「連結」的角度思考。我們常看到的情況是部屬「複製貼上」主管的目標內容，就完成目標的制訂。（詳細內容請參

閱112～115頁）。此時主管必須表明態度，嚴格把關目標內容，要求同仁再思考、再挑戰自己。若還是沒法改變，也得出一個結論：這同仁沒有想法，就看他的執行力了！

這也是團隊進行人才辨識的過程。若主管睜一隻眼閉一隻眼，便宜行事。久而久之，團隊就出現負面雜音：「導入OKR不就是弄張新的表單，要我們將以前的KPI搬到OKR目標表單，真是無聊，勞民又傷財……。」

2. 在跨部門合作、打造當責團隊、和上下級的溝通反饋的過程中，主管沿用過去「自上而下」的心態，忽略OKR組織「農地主」以及「合夥人」的定位角色，忘了適時授權給目標負責人（部屬），將自己調整為「引導輔助」角色。這將嚴重地衝擊在目標制訂階段，好不容易培養的「自下而上」的團隊氛圍。

3. 未落實1核心——人才辨識與2方針——向上提升、適才適所：許多企業執行3大精髓和4大策略的過程，十分到位，但遺憾地，有些企業忽略這個過程是人才辨識的最佳時機，未能準確詳實地辨別和記錄團隊成員5能力的表現；而有些企業

雖然執行人才辨識，但礙於企業文化或人情包袱，之後未採取
「向上提升、適才適所」的措施，導致不論同仁們的工作表現
如何，彼此績效評估的結果差異不大。這會將團隊打回原形，
走回「吃大鍋飯」的老路。

9. 同仁們訂不出具有價值的目標，團隊無法自下而上，是什麼原因？我們要如何打造具有內在動機的環境？

原因一：同仁不習慣自己訂目標，不願對目標給出承諾

許多同仁依然抱著「受僱」、「拿薪水」的心態。心想：
「要我提想法，提了若老闆同意，我就要負責執行。還是別提
吧！」，「難度超高的目標，之前又沒做過。如果沒足夠資源，
完成不了，會不會影響考績？還是保守點，不要挖坑給自己
跳！」

建議方法：

- 提出想法的同仁，不一定是目標的負責人：這可降低同仁的心理障礙，鼓勵大家提出想法。

- 第 1 年導入期，目標達成不符預期者，不列入績效評估；

221

但符合預期者，得到獎賞。

原因二：同仁的能力不足

團隊成員長期聽命行事，對企業內外環境的理解不足，沒有想法，給不出建議，無法正確判斷目標的價值與影響。

建議方法：

- 部門主管帶頭示範：許多同仁上完課程，但撰寫目標時，卻忘了目標制訂的準則。因此除了顧問輔導，部門主管必須親力親為，對團隊闡述明確的方向，凝聚對目標的共識，定期指導同仁目標設定的要點。

- 導入初期，不需要全員都制訂目標，而是從部門主管、具有潛力同仁、和自願者開始；目的是樹立標竿，產生效果後，讓其他同仁起而效尤。

- 給同仁一段合理的時間，進行腦力激盪，激發能力。

除了上述的建議方法，為了建立具有「內在動機」的工作環境，企業可依照以下 3 個方向規劃調整：

1 建立「目標負責人」的制度：強化目標負責人的權利與
義務。

2 要求制訂具有品質、具有影響力的目標：企業必須定期
提供團隊相關的培訓。

3 調整績效評估制度：支持團隊成員持續展現內在動機。

OKR 導入 3 大建議

導入的流程、步驟、模式與關鍵原則

OKR 金句

OKR 不能紙上談兵，更需要實戰操作驗證，且 CEO 的以身作則是關鍵。

前一章解答了管理者對於導入 OKR 的 9 大疑問，接下來本章將邁入實際的流程。我們要如何開始導入 OKR ？要堅持哪些原則？以及要避開哪些事情？

■ 建議一：導入前、中、後階段注意事項

　　OKR 是一項優化思考邏輯與執行策略的工程，強調實務操作驗證和動態細部調整。我們必須關注每個流程的順序邏輯，與項目的執行到位。

導入流程

OKR 導讀 →
對象：
企業或導入團隊全員

導入前置會議 →
對象：
OKR 推動小組

OKR 工作坊 →
對象：
導入團隊全員

定期會議 →
對象：
OKR 推動小組

顧問輔導 →
對象：
導入團隊全員

▍導入前評估：

1 OKR 是什麼？與目前管理模式的差異是什麼？

2 組織營運的痛點是什麼？哪些需要優先解決？

3 組織的體質如何？用什麼力道導入？

導入中實施：

1 OKR 導讀：藉由了解 OKR 精髓與價值、導入方法、所需資源，凝聚高層主管和導入團隊對 OKR 的認知與支持。

2 前置會議：規劃 OKR 導入的里程碑，並確認導入部門和成員名單。

3 OKR 工作坊（Workshop）：以實戰方式，進行目標制訂，學習 OKR 組織運作。

4 成立 OKR 推動小組，編制包括：

· 召集人：由企業最高主管擔任。

· 負責人：推動 OKR 執行，指揮調動各部門運作。建議由執行長（CEO）、營運長（COO）或執行副總等高階主管擔任。

· 推動委員：由各導入部門的最高主管擔任。負責掌握部門的導入動態，與推動小組負責人、種子教練、外部顧問合作交流，貫徹部門 OKR 實施。

· 統籌維運人：負責導入中後期的活動籌備執行。

· 種子教練：企業內部遴選 2~3 位肯定 OKR 價值信念、
　熟稔內容運作、能堅持推動傳授的同仁擔任。若企業聘
　請顧問協助建立機制、完成經驗傳承，顧問退場後，種
　子教練必須能接棒。

OKR推動小組編制

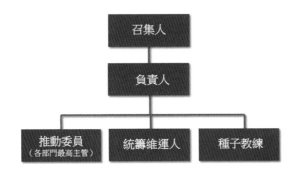

導入後復盤：

1 教練輔導：觀察團隊運作，定期進行小組與個人諮詢，提供調整建議。

2 OKR 發表會：公開宣達部門和個人的季（年）目標，接受全體同仁的建議與意見。

3 團隊檢核會議：建議每月舉辦 1 次，目的為檢視施行成效，調整強化措施、進行人才辨識。

4 獎勵精英活動：建議每季舉辦 1 次，由導入團隊競選「最優秀部門獎」、「OKR Champion」、「團隊合作獎」等獎項。

■ 建議二：針對組織屬性，選擇導入模式

我觀察 Intel 在亞太區、中國區及美洲區實施 OKR 的方式與氛圍，都不盡相同，為什麼？因為每個地區的民族性、社會制度風氣、教育體系都不一樣。雖然 OKR 的精髓是放諸四海皆準的，但是在執行上必須因地制宜，分團隊、分批次、分階段

實施。我們本土企業導入 OKR，大致有以下 4 種不同的模式：

1 CEO 帶領一級主管組成試點團隊，先行實施。熟悉運作後，再推廣至各部門實施。這模式常見於 CEO 有高度熱忱、能全程參與、且人數規模較大的企業。

2 所有部門一起實施，但各部門僅有主管級或高潛力的同仁參與：常見於人數規模較大，但有歷史包袱、改變阻力較大的企業。

3 不分部門和職務級別，全員同步實施：常見於 50 人以下的企業。

4 具有特殊屬性的部門個別實施：常見於部門主管對 OKR 高度認同，但 CEO 未決定全員導入的企業。部門的特殊屬性包括：

・面對的市場不確定性和變動率高

・業務屬性複雜多元，需要即時調整

・主管具有創新、開放、願意突破、接受挑戰等特質

OKR 並不是全公司使用後，才會發生效果。OKR 導入具有感染效果，若多個部門和個人使用 OKR，因為跨部門合作交流，將會有加乘倍數的效果。

以上模式各有優點，你可依照企業體質、需求、規模及主事者的風格，決定合適的模式。

■ 建議三：領導高層必須以身作則

我見過成功導入的企業，幾乎都是 CEO 帶頭做的。雖然他們不一定有時間全程參與顧問培訓諮詢的每一個環節，但會召集部門主管商討公司戰略方向，制訂公司層級目標，同時會親自審視各部門目標與公司戰略方向是否契合，並藉由目標內容，觀察主管與同仁的能力與視野。

CEO 的親力親為，無疑也是告訴所有同仁：「公司導入 OKR 是玩真的」。

我也看過另一類型的 CEO，說：「OKR 很好，我們來導入」，但他只是口頭支持，並不擔任推動小組的任何職位，沒

有實質性的推動支持，只交辦副總和部門主管負責；也沒有設定公司層級的目標，當各部門制訂目標，卻往往發現只有公司總營收或獲利數字的內容可以參考。這樣做，只具備了 OKR 的軀殼。

OKR 導入順利的關鍵，在於最高層級的「以身作則」，而不只是精神與口頭的支持。我們建議主事者導入前，先了解 OKR 的精髓，認同它的價值。導入過程必須親自主導，偕同部門主管一起推動。

OKR 導入案例分享

▍OKR 對於員工／企業主／主管／人資的價值

◎ OKR 金句

OKR 方法論的每一組成都是一把有效的工具，必須先做需求和情境分析，再決定用哪一把工具。

OKR 幫助企業打造聚焦、當責、專注的文化，那麼 OKR 同時又帶給企業各個層級什麼樣的價值？以下我以實際案例作為印證。

案例 1：
OKR 對於員工的價值——來自淘寶的員工

OKR 團隊重視創新、試錯和糾偏的氛圍，提供成員發展的基礎平台。OKR 的組織重視「農地主」——Ownership 的概念，鼓勵成員發表意見，訂立目標，展現自己的意願與能力。你若具有積極企圖心，想在職場更上一層樓，「被看見和辨識」的機會將大大地提高。

在 Intel 中國區服務時，我的部門曾評估採用電商模式推廣業務，於是招募一位具有豐富電商平台經驗、來自淘寶的同仁。但後來電商模式不符部門發展的預期，他的專長一直無處發揮，連續 2 年的績效考核結果都是低空飛過。

隔年 Intel 推出 Ultrabook（超輕薄筆記型電腦），我部門目標是與 Tier 1 的軟體廠商合作，將其軟體預裝在 Ultrabook。但鎖定的合作夥伴大都以 Ultrabook 剛上市、市場前景不明為由婉拒合作。這位同仁知道這情形後，自告奮勇制訂挑戰型目標，利用他的專長資源，拿到各大電商平台針對終端用戶選購 Ultrabook 的分析報告，最後成功說服軟體廠商與我們合作。

正是 OKR 自下而上的團隊運作模式，讓他有機會展現能力，不僅幫助團隊目標達成，也讓他之後持續地在 Intel 發展。

▎案例 2：
OKR 對於企業主的價值——科技製造業 CEO

在一項針對美國 23,000 名全職員工的調查中，只有 37% 的員工很清楚公司計畫做到什麼程度，以及為什麼要這麼做。同一研究發現，僅 9% 的人認為他們的團隊有清晰可衡量的目標。我輔導的一家科技廠商，在導入 OKR 之前的情況和這調查結果類似。

CEO 提到的管理痛點：

1 目標制訂過程混亂，沒有完整的內外環境分析。

2 部門目標執行的方向經常突然改變。

3 目標的內容不清晰，完成與否的定義很模糊。

4 部門之間不知道彼此在做什麼，溝通協調很費力。

「導入 OKR 後，我們以『自下而上』和『自上而下』的

模式，將公司的戰略方向與大家的目標結合起來。我們利用發布會和內部系統公開公司戰略與部門目標後，大家清楚彼此的目標；權責清楚後，語言也比較一致，溝通順暢多了！」CEO如是說。

過了一年後，我和 CEO 及人資長聊天得知，他們有個半導體的客戶來勘察工廠，大讚雙方的溝通效率和解決問題的速度。對方問：「你們的成員有參與目標設定嗎？」

CEO 說：「原來這客戶也用 OKR。這年頭做生意，愈來愈重視企業價值與文化的門當戶對。我們要求員工全程參與目標制訂的過程，確實提高了日後執行目標的品質。這關乎上下游廠商及客戶對我們的感受，也影響彼此的合作意願。」

▎案例 3：
OKR 對於主管的價值——系統整合商 專案技術主管

一家系統整合商，在業務上奉行「多多益善」策略，業務部門積極爭取訂單，不論客戶背景和訂單品質，能成一單是一單；而背後的苦主是負責執行交付的專案技術部門。他們幾乎

無從拒絕，只能照單全收，到頭來每個人身上都扛了大量的專案，卻說不出哪個專案能為公司帶來實際的價值，有些最後甚至以低空飛過的品質結案。

專案技術部門同仁的無力感愈來愈重，經常加班熬夜，感覺專案永遠做不完，人員流動率逐漸升高。

這位專案技術主管說：「我借力使力，基於 OKR 『少就是精』和『公開透明』原則，我們從內部系統公開的訊息，與業務部門討論並 PK 每個訂單的價值，比如：獲利率、客戶品牌效益等。之後同仁對於接單交付、專案排程就有所依據。大家工作情緒較比較穩定，人員流動率也降低了，我花在排解跨部門的問題和人員協調管理的時間少多了。」

▍案例 4：
OKR 對於人資的價值——移動互聯網 人資總監

一位移動互聯網的人資總監提到了公司業務上的痛點：「我們從同業挖來的業務主管，聽說在前公司戰功彪炳。但他來了半年多了，業績毫無起色。老闆不是很滿意，也要求我們 HR

選才應該有更好的方法。」

她接著說：「我們實施 OKR 後，讓全員開始對部門和個人目標提出意見時，可以明顯看得出來，哪些人有心、沒心，哪些人有想法、沒想法。OKR 的 3 大精髓和 4 大策略，對大家是一種實地實境的測試，可以真實地看出員工意願和能力的高低。這過程的紀錄資料，結合系統的分析報告，讓我們的部門主管和 HR 部門在人才辨識和評估員工表現上，有了更完整的的依據。」

OKR 讓人事部門能夠了解團隊全員的戰鬥力，排兵布陣，組織一個更具效率的作戰部隊。

你真的搞懂 OKR 了嗎？以 Intel 為師，打造最強作戰部隊

CEO、主管、人事培訓部門必讀！iOKR 創辦人王怡淳以超過 15 年落地實踐經驗，教你成為像 Google、Facebook 一流企業

作　　　者／王怡淳
美 術 編 輯／申朗創意
責 任 編 輯／吳永佳
企畫選書人／賈俊國

總 編 輯／賈俊國
副 總 編 輯／蘇士尹
編　　　輯／高懿萩
行 銷 企 畫／張莉滎‧蕭羽猜‧黃欣

發 行 人／何飛鵬
法 律 顧 問／元禾法律事務所王子文律師
出　　　版／布克文化出版事業部
　　　　　　台北市中山區民生東路二段 141 號 8 樓
　　　　　　電話：(02)2500-7008 傳真：(02)2502-7676
　　　　　　Email：sbooker.service@cite.com.tw
發　　　行／英屬蓋曼群島商家庭傳媒股份有限公司城邦分公司
　　　　　　台北市中山區民生東路二段 141 號 2 樓
　　　　　　書虫客服服務專線：(02)2500-7718；2500-7719
　　　　　　24 小時傳真專線：(02)2500-1990；2500-1991
　　　　　　劃撥帳號：19863813；戶名：書虫股份有限公司
　　　　　　讀者服務信箱：service@readingclub.com.tw
香港發行所／城邦（香港）出版集團有限公司
　　　　　　香港灣仔駱克道 193 號東超商業中心 1 樓
　　　　　　電話：+852-2508-6231　　傳真：+852-2578-9337
　　　　　　Email：hkcite@biznetvigator.com
馬新發行所／城邦（馬新）出版集團 Cité (M) Sdn. Bhd.
　　　　　　41, Jalan Radin Anum, Bandar Baru Sri Petaling,
　　　　　　57000 Kuala Lumpur, Malaysia
　　　　　　電話：+603- 9057-8822　　傳真：+603- 9057-6622
　　　　　　Email：cite@cite.com.my
印　　　刷／韋懋實業有限公司
初　　　版／2022 年 08 月
定　　　價／380 元
I S B N／978-626-7126-55-4
E I S B N／978-626-7126-64-6（EPUB）

城邦讀書花園　布克文化
www.cite.com.tw　WWW.SBOOKER.COM.TW